基于深度学习的机器阅读理解

张鑫 樊静 著

科学出版社

北京

内 容 简 介

本书介绍了基于深度学习的机器阅读理解技术，内容涵盖：任务定义与分类、发展历程、模型评测和典型应用；多层感知机、表示学习、卷积网络、循环网络、注意力机制等深度学习基础；基于深度学习的机器阅读理解技术的共性框架；指针网络等代表性模型，以及它们与共性框架的对应关系；本领域的新动向、新趋势，及尚待解决的开放性问题。最后，附录中简介了机器学习和文本分析基础，引入经典机器阅读理解技术，并汇总了全书涉及的英文简称和互联网上公开可用的模型算法源码。

本书可作为全国高等院校计算机、智能科学、信息科学、信息系统等专业教师、研究生以及高年级本科生的参考书，也可供对深度学习领域感兴趣的工程技术人员阅读。

图书在版编目（CIP）数据

基于深度学习的机器阅读理解 / 张鑫，樊静著. —北京：科学出版社，2021.10

ISBN 978-7-03-070100-8

Ⅰ．①基… Ⅱ．①张… ②樊… Ⅲ．①自然语言处理－研究 Ⅳ．①TP391

中国版本图书馆 CIP 数据核字（2021）第 208699 号

责任编辑：任 静 / 责任校对：胡小洁
责任印制：吴兆东 / 封面设计：迷底书装

科 学 出 版 社 出版

北京东黄城根北街 16 号
邮政编码：100717
http://www.sciencep.com

北京中石油彩色印刷有限责任公司 印刷

科学出版社发行 各地新华书店经销

*

2021 年 10 月第 一 版 开本：720×1 000 B5
2023 年 4 月第三次印刷 印张：11
字数：222 000

定价：98.00 元

（如有印装质量问题，我社负责调换）

前　　言

　　早在 20 世纪六七十年代，人们就认识到，让机器能够像人那样阅读文献、回答问题是人工智能中的关键一环，于是提出了机器阅读理解任务，并开始研究各种各样的阅读理解方法。但长期以来，这些研究都仅针对有限样本、只基于浅层分析，所提方法的精度水平和通用性一直得不到显著提高。这种局面直到 2015 年才发生改观，在当年的神经信息处理系统（Neural Information Processing Systems，NeurIPS）大会上，Hermann 等人发表了他们构建的大规模机器阅读理解数据集 CNN&DailyMail，以及基于注意力网络[①]的机器阅读理解方法，开启了基于深度学习的机器阅读理解研究[②]与应用的新时代。此后直到今天，机器阅读理解技术沿着三条线快速推进：一是各种评测数据集不断推出，规模越来越大、对实际应用场景的贴合度越来越高；二是基于深度学习的阅读理解模型层出不穷，性能水平节节升高，在一些数据集上的精度甚至已超越人类水平；三是机器阅读理解技术开始应用在搜索引擎增强、智能客服等方向，推动用户体验越来越好。

　　我们撰写本书，希望能比较全面、深入和详细地为读者介绍基于深度学习的机器阅读理解技术，具体包括：①概论，主要从总体上概述机器阅读理解的内涵、外延，涉及任务定义与分类、发展历程、相关任务辨析、模型评测方法和典型应用等内容。②深度学习基础，旨在为那些对深度学习不太了解的读者介绍一些必要的基础知识，包括：神经网络的基础模型——多层感知机，以及机器阅读理解中常用的表示学习、卷积神经网络、循环神经网络、注意力机制等深度学习模型。③机器阅读理解基本框架，梳理了各种基于深度学习的机器阅读理解技术的共性框架，并介绍了该框架中各模块的常见实现。④代表性模型，介绍了指针网络等 7 种代表性的基于深度学习的机器阅读理解模型，并指出了它们各自与共性框架的对应关系，以便于读者将共性框架和特定模型关联起来。⑤新兴趋势，讨论了在模型中引入外部知识等新的发展动向，期望能为读者拓展研究思路提供些微帮助。⑥总结与展望，对全书内容进行了简要总结，并讨论了一些机器阅读理解中的开放性问题、希望能为本领域进一步发展提供参考。⑦附录，为方便文本领域

---

① 深度神经网络的一种，关于注意力机制，详见本书 2.5 节。

② 也称为神经机器阅读理解（Neural Machine Reading Comprehension，NMRC）或神经阅读理解（Neural Reading Comprehension，NRC）。

的新手阅读本书内容,首先简介了机器学习和文本分析基础;接着概述了引入深度学习技术之前的经典机器阅读理解模型,好让读者能对本领域的发展历史有更深入认知;最后,汇总了全书涉及的英文简称,提供了它们的英文全称,以便读者查阅,并汇总了互联网上公开可用的相关模型算法源代码,方便读者下载和进一步研习。

要深入理解本书内容,需要读者有机器学习和文本分析(或者说自然语言处理)的基础,如能有深度学习的理论和实践基础将更好。但是,本书也支持新手上路。对于不同的潜在读者,我们建议按照不同顺序来阅读本书:①对于不太了解机器学习和文本分析的读者,比如很多本科同学或研究生新生,我们建议,在读完本书第1章后、甚或开读之前,先看看附录一和二,也可先读一点这两方面的基础书籍或者在网上(比如知乎或 CSDN 上)看看相关的概论性文献。②对于有机器学习和文本分析基础的读者,我们建议按章节顺序阅读本书,也可以在读完第1章后,先看看附录三,了解一下深度学习之前的机器阅读理解技术。③对于有深度学习基础的读者,我们也建议按章节阅读,其中第2章可以直接略过。④对于已在本领域开展研究工作的读者,则可根据自身需要,选择性阅读本书各章节。

很多同仁、朋友为本书的出版提供了帮助指导。樊静参与了第2章、附录一、附录二的撰写和全书合稿校对;刘姗姗、陈冬梅、杨凯晶、张胜参与了第 2～6章的撰写,以及全书校对;徐驰参与了参考文献整理。张维明、肖卫东、葛斌、赵翔等专家、学者也提出了很多有益的指导和建议。在此一并深表感谢!

由于作者水平有限,书中难免存在不足之处,敬请读者批评指正。

作　者

2021 年 6 月于长沙

目　　录

第1章 概　　论

1.1　任　务　简　述

提起"阅读理解"，相信读者并不陌生——不论语文还是英语考试中，它都是常见题型——通过填空、选择、问答等形式，来测试学生阅读和理解一定语言的文字资料的能力。**机器阅读理解**(Machine Reading Comprehension，MRC)与语言考试中的阅读理解题类似，只不过测试对象从人变成了机器，**让机器根据给定的文本，回答与文本内容相关的问题，以此衡量机器理解自然语言(文本)的能力**。换言之，机器阅读理解任务的输入是问题和文本，问题通常与文本内容相关；而输出是机器预测的答案。图 1.1 给出了机器阅读理解任务的直观表示[①]。

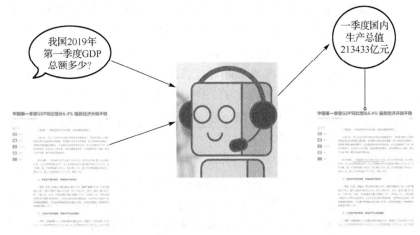

图 1.1　机器阅读理解任务示意

人们研究机器阅读理解任务已经有四十多年历史了，但在很长一段时间里，主要聚焦于基于规则或基于传统机器学习的方法，模型训练、方法验证等环节使用的数据样本量非常少，且相对简单，导致相关技术成果的实用性不强。这种局面在 2015 年左右发生了巨大改观，一般认为，这主要归功于以下两点：

---

① 注意，图中示意的实际上是最典型的、片段抽取型机器阅读理解任务，其具体含义及其他类型的机器阅读理解任务见后面 1.3 节。

一是深度学习技术在机器阅读理解任务上的应用，催生了基于深度学习的机器阅读理解(或称神经机器阅读理解)模型，这类模型更擅长于挖掘文本的上下文语义信息，并具有更好的泛化能力，其性能相对于传统模型有了显著提升，接近、甚至在部分测试集上超过了人类水平。

二是在此期间一系列大规模机器阅读理解数据集的构建和发布，如CNN&Daily Mail[1]、SQuAD[2]、MS MARCO[3]等。这些数据集不仅使得训练参数量巨大的深度神经网络成为可能，也使得模型测试和验证更加充分。

也因此，基于深度学习的机器阅读理解技术在近几年里受到越来越多关注，已成为学术界和工业界的热点、甚至焦点，其热度在相关竞赛中体现得尤其淋漓尽致：自2016年斯坦福大学公布了SQuAD数据集并发起了在此数据集上的竞赛之后，各大公司、高校和科研机构争先恐后地参赛和刷新榜单，各种模型层出不穷，机器阅读理解领域的"军备竞赛"拉开帷幕。随后，微软公布了MS MARCO数据集，相比于SQuAD，MS MARCO数据集中的问题为真实的用户搜索数据(即问题由真人提出)，答案是人工生成的高质量回答，文档也由给定一篇文章变为了给定10篇，这种设置与实际应用场景更加贴合，也对机器的阅读理解能力提出了更高要求。在中文领域，百度公司2017年公布了大规模中文机器阅读理解数据集DuReader[4]，并针对此数据集成功举办两届机器阅读理解技术竞赛，一定程度上促进了中文机器阅读理解的发展。值得注意的是，微软亚洲研究院、阿里巴巴等提出的模型先后在SQuAD数据集上超越了人类平均水平，这标志着机器阅读理解技术取得了突破性进展；之后提出的BERT[5]等基于上下文的文本表示技术，通过使用大规模语料进行预训练，进一步显著提升了机器阅读理解模型的表现，无疑为本领域发展再添了一把大火。

机器阅读理解如此备受关注，无疑与其具有较高的应用价值和较好的应用前景有极大关系。凡是需要依据一定文本资料①来回答问题的应用场景，比如在线客服回答客户有关本公司或产品服务条款的问题、在线法律助理根据法律文书回答求助者的问题、等等，都可以引入机器阅读理解技术来加以支撑。此外，正如很多科幻片里演绎的那样，由于问答是人们交互过程中最重要的形式之一，所以阅读理解文字或语音资料、然后回答提问的能力，往往也是我们期待的、类人机器人所应具备的能力之一。在后面1.5节，我们还将进一步讨论机器阅读理解的典型应用。

---

① 本书主要关注文本资料，包括文章和由语音转化的文字资料。而事实上，机器阅读理解针对的"资料"也可以是图片、音频、视频、甚至它们的混合体，所以有"多模态机器阅读理解(Multi-modal MRC)"的概念，感兴趣的读者可以查阅[6,7]了解更多内容。

　　机器阅读理解如此备受关注，也是由于该领域目前并不成熟、还有很大的研究空间。虽然前面已提到，在 SQuAD（特别是 SQuAD1.0）等相对简单的特定数据集上，机器阅读理解的精度水平已经超越了人类的平均水平；但在更多数据集上，现有模型的反应速度和精度水平与人类相比，还相去甚远。特别是，由于自然语言具有表达的随意性、灵活性，语法规则的复杂性、多变性，以及与时俱进的演化性，实际应用中往往存在新词新句、语言混用、连续提问、多重指代、省略成分等很多挑战性的语言现象，需要本领域研究人员逐一去研究解决。

1.2　发　展　历　程

　　对机器阅读理解的相关研究，最早可追溯到 20 世纪 70 年代，迄今已经过近50 年的发展，其历程大致可以划分为略有重叠的三个阶段，分别称为"早期"、"近期"和"当代"。这种划分方式受到陈丹琦（Danqi Chen）女士的博士论文中相关内容的启发[8]，那里她称三个阶段分别为"早期系统（Early Systems）"、"基于机器学习的方法（Machine Learning Approaches）"和"复苏：深度学习时代（A Resurgence: The Deep Learning Era）"。

　　本节接下来分阶段概述机器阅读理解技术的发展历程，有关每个阶段中涌现的方法、技术和数据集的更详细内容请参考本书附录 3。

1.2.1　早期

　　这一阶段大致从 20 世纪 70 年代持续到 20 世纪末。期间，机器阅读理解任务被引入，并逐渐引起关注，但相关研究主要针对特定领域的小数据集，所采用的方法则主要基于规则或基于模式匹配。

　　早期工作中最有开创性和代表性的要数耶鲁大学人工智能团队 Lehnert 等人开发的故事阅读理解系统 QUALM[9]。该系统将故事和问题表示为一定的语义结构，然后通过动态化的语义结构匹配来实现问题回答。在研究过程中，Lehnert 和她的同事发现，对故事乃至问题的理解和表示往往需要用到很多外部知识，为了引入这些外部知识，他们后来又设计开发了 BORIS 系统[10]。但这些早期系统在方法验证上很不充分，往往只针对少量故事或故事书籍进行实验，并且模型中用到了很多人工制定的规则或外部知识，这大大限制了方法的普适性，相关系统更多是实验室的概念演示验证原型，距离实际应用还十分遥远。

　　之后从 20 世纪 80 年代中后期直到 90 年代末，有关阅读理解的研究更多集中在心理学领域，而计算模型方面的研究则日益稀少。造成这种局面的一个重要原因是，当时没有形成科学统一的评价方法。

模型评价离不开指标和数据集，而如英语阅读试题一类的、用于测试人的阅读理解能力的数据资料早已大量存在，且具有很高的质量（往往为每个问题都提供了准确的参考答案）。这启发了 Hirschman[11]等人在 1999 年左右发表的里程碑工作：他们利用现成的英语阅读理解语料构建了一个高质量数据集，一般称为"Remedia 数据集"，并设计实现了一个模块化的自动机器阅读理解系统 Deep Read。尽管该系统只使用了简单的基于规则的方法，但在 Remedia 数据集上的测试精度超过了 30%。

Hirschman 等人的工作，特别是 Remedia 数据集引起了本领域的高度关注，也激发了 2000 年左右一系列的后续研究。特别是，2000 年首届北美计算语言学分会的年会（North American Chapter of the Association for Computational Linguistics，NAACL）上，设置了一个名为"用于评测计算机自然语言理解系统的阅读理解测试"的专题研讨①，其中 Riloff 和 Thelen 的 Quarc（Question Answering for Reading Comprehension）系统，以及 Brown 大学 Charniak 等人的模型[12]，均采用基于规则的机器阅读理解方法，并将 Remedia 数据集上的测试精度提升至 40%左右。

总之，这个阶段中机器阅读理解任务被引入，并提出了一些基于规则（或基于模式匹配）的算法模型，但所用数据集通常较小、测试精度也较低，整体上属于初步探索与概念演示验证阶段，离实用需要还有很大距离。

1.2.2　近期

这一阶段在时间跨度上大致从 2000 年持续到 2015 年，技术特点包括：一是仍然主要针对小数据集；二是决策树等传统机器学习模型逐渐被应用到各种阅读理解系统中，使得这些系统具备了更好的领域适应能力。

最早报道的基于机器学习的阅读理解模型，同样发表在上面提到的首届NAACL 的"用于评测计算机自然语言理解系统的阅读理解测试"专题研讨中，其基本思路是，将故事中的句子视为候选答案，然后将答案预测任务转化为对故事中每个句子与问题构成的问题-句子对的二分类任务。不过，该模型在 Remedia数据集上的最佳测试精度只有 14%，远低于同年发表的基于规则的方法，难言是一次成功的尝试。但所提出的、将答案预测转化为对问题-句子对进行分类的思路，却十分巧妙，也被后续工作长期沿用。

2000 年晚些时候召开的 SIGDAT 和 EMNLP 联合会议②上，新加坡防卫科学

---

① 研讨会的英文原名是 Reading Comprehension Tests as Evaluation for Computer-Based Language Understanding Systems。

② 2000 Joint SIGDAT Conference on Empirical Methods in Natural Language Processing and Very Large Corpora.

实验室(DSO National Laboratories)的 Ng 等人报道了他们研发的基于机器学习的故事阅读理解系统 AQUAREAS(Automated QUestion Answering upon REAding Stories)[13]。该系统沿用了上述分类思想,通过引入更合适的分类特征,在 Remedia 数据集上取得了将近 40%的精度,已经达到了同期基于规则方法的水平;而其所具备的人工参与更少、更容易应用到新领域的优势,则是基于规则的方法很难拥有的。

2000 年以后,机器阅读理解相关研究又一度相对沉寂,其间零星发表的研究成果也不再完全限于英语语料,而是拓展到中文等其他语言,关注点主要集中在两方面:**一是机器阅读理解数据集构造。**除了 CBC4Kids[14]、MCTest[15]和 PROCESSBANK[16]等新的英语数据集,还涌现出中英双语数据集 BRCC(Bilingual Reading Comprehension Corpus)[17],以及中文数据集 CRCC(Chinese Reading Comprehension Corpus)[18],等等。**二是阅读理解方法,特别是基于传统机器学习模型的阅读理解方法研究**。这期间的模型基本上仍然沿用问题-句子对分类的思路来预测答案,大多都使用了最大间隔(max-margin)学习框架下的分类器,如逻辑回归、支持向量机等,并尝试引入了更多特征,特别是结构特征。针对 Remedia 数据集的测试精度在 2008 年左右上升到了 43%以上[19]。但此后的研究,就很少再使用 Remedia 这一早期数据集了。

总之,本发展阶段的特点在于:一是更多数据集的出现;二是机器学习技术的引入,这使得阅读理解技术在实用性、领域适应性等方面都取得了较为明显的进步。但是,这些新引入的数据集大多仅包含数百个问题、在规模上并不大,还不能支持包含大量参数的复杂模型训练,也不能充分验证模型算法的精度水平。而且,所采用的主要是逻辑回归、支持向量机等基于最大间隔学习框架等传统机器学习技术,需要大量人工特征工程,甚至需要与规则相结合,这又从客观上制约了这些方法的跨领域迁移能力。

1.2.3 当代

这一阶段大致从 2015 年开始,一直持续到今天,而其结束时间尚难预测。开创性事件有两项:一是 2015 年 Hermann 等人利用 CNN(美国有线电视新闻网)和 Daily Mail(每日邮报)构建了第一个大规模阅读理解数据集,并提出了首个基于深度学习的阅读理解模型 AttentiveReader[1]、取得了明显优于传统模型的实验效果。二是 2016 年斯坦福大学发布了一个包含的问题数量为 10 万+规模的阅读理解评测数据集 SQuAD(Stanford Question Answer Dataset)[2]。

我们将在后续章节中详细介绍这些数据集和模型。这里想强调的是,正是这些开创性工作，引发了学术界和工业界对基于深度学习的阅读理解理论和技术的研究热潮，开启了新的阶段。

在本阶段已经过去的五年中，展现出了一些明显不同于以往两个阶段的特点，至少包括两方面：首先，数据集的规模更大，问题数量基本都在 10 万个以上，有些甚至达到六七十万。并且，文章来源更多样，包括各类新闻、维基百科、小说等；答案类型也更多，包括二选一、多选一、完形填空、自由作答，等等。其次，各类深度学习模型的应用已成为缺省配置，很少再有研究纯粹基于规则或基于传统机器学习的机器阅读理解技术。

本书接下来的章节将重点介绍本阶段涌现的各种基于深度学习的阅读理解方法、各类数据集，以及其中蕴含的趋势和尚待研究解决的问题。

1.3　任务定义及分类

形式化定义和分类辨析往往有助于更准确地描述和理解问题。为此，本节首先对机器阅读理解任务进行形式化定义，然后结合定义从不同视角对该任务进行分类，最后与一些容易混淆的相关任务进行对比分析、找出联系与区别。

1.3.1　形式化定义

前面 1.1 节已提到，机器阅读理解的输入是文章和问题，输出是通过理解文章内容而预测的答案。任务的形式化定义如下：

> **定义 1.1**　机器阅读理解
> 给定文章集合 $C = \{c_1, \cdots, c_N\}$ 和问题 q，机器阅读理解通过构建一定的预测模型 $a = F(C, q)$，来预测问题 q 的答案 a。

在以上定义中，我们从通用性出发，将输入定义为文章集合而非文章。其中，N 表示集合中的文章数量。当 $N=1$ 时，即为最经典的、输入单一文章的情况。另外需要注意，预测模型 $a = F(C, q)$ 的输入同时包含问题 q 和文章集合 C。这是非常必要的，因为仅有文章集合，很可能会答非所问；而仅输入问题，则不是阅读理解，而是一般意义的自动问答任务了[①]。

1.3.2　任务分类

通常，分类需要基于一定标准，或者说采用一定依据；依据不同，产生的分

---

① 1.4 节中，我们将对自动问答等相关任务进行辨析，以便更好理解它们和机器阅读理解之间的联系和区别。

类结果往往也不相同。这里，由于是对机器阅读理解任务而非现有技术进行分类，所以主要考虑依据输入、输出的不同，而没有考虑预测模型的差异，因为那属于对解决方案，即技术进行分类所需要考虑的因素。

此外，互斥(即不同类别之间交集为空)和完备(即所有类别之并为全集)是分类需要遵循的两个基本原则。然而，我们早先的研究[20]，曾沿用陈丹琦(Danqi Chen)博士论文[8]，将阅读理解任务划分为四类，即：完形填空、多项选择、片段抽取和自由作答。由于该分类所采取的分类标准并不统一，所以分类结果并不完全合理。具体而言，前两类主要根据问题的形式不同而区分，而后两类则主要反映答案形式的不同，这导致四个类别之间并非完全互斥，一个特定的机器阅读理解任务可能属于其中两个类别，比如：完形填空型的阅读理解，而其正确答案是从文章中抽取的片段。

事实上，观测一个事物往往需要从多个不同维度出发，才能形成完整的认知。因此，下面从五个不同维度来对机器阅读理解任务进行分类，每个维度上的分类都采用单一(或者说统一)的依据，以确保得到的分类结果是互斥与完备的。其中，前四个维度主要以输入文章或问题的形态、性质作为分类依据，最后一个主要根据答案的不同来进行分类。如果把形形色色的机器阅读理解任务形成的总体想象成五维空间中的一个超体，那么这种分类就好比拿刀从不同维度上对该超体进行切分，其结果是，一个特定任务会在五个维度上都有其类属。

1.3.2.1 按文章数量分类

在定义 1.1 中，根据集合 C 中的文章数量多少可以将机器阅读理解任务分为两大类：当 $N=1$ 时，即为**单文档机器阅读理解**(Single Document Reading Comprehension，SDRC)；而当 $N>1$ 时，则为**多文档机器阅读理解**(Multi-Document Reading Comprehension，MDRC)。

显然，多文档要比单文档阅读理解更加复杂、更具挑战。而实际上，多文档机器阅读理解的实用意义也更大一些——在很多实际应用中，为获取所需信息，需要阅读和理解的文档往往并不唯一。比如，有人问道："**请问今天全球范围内，最新发生了哪些重大事件？**"要回答这个问题，就需要阅读全球各主要新闻媒体的最新报道。显然，这是一项多文档阅读理解任务。

但是，本领域的研究很长一段时间都主要聚焦于相对简单的单文档阅读理解，直到 2017 年以后，人们才开始关注更复杂、也更具实用价值的多文档阅读理解任务，构建了 TriviaQA[21]等数据集，并提出了一系列不同的模型方法。但多文档阅读理解任务中还有很多问题有待解决，相关研究还有很大推进空间，我们将在后面 5.3 节进一步讨论。

1.3.2.2　按文章领域分类

另一个维度是按照领域进行机器阅读理解任务分类,可以划分为**特定域**与**开放域**两大类。前者是指文章或问题属于某个特定领域,比如新闻、生物、医疗、游戏等;后者则指并不限定文章和问题的领域归属。比如,MS MARCO 数据集中的问题是来自微软必应(Bing)搜索引擎的用户搜索日志,而文章则是利用这些问题在必应中分别检索、在检索结果中排前十的那些,所以该数据集针对的就是开放域的机器阅读理解任务。

从应用的角度看,特定域机器阅读理解主要用以支撑特定领域的问答等应用,比如生物领域[16]或者新闻领域[1];而开放域机器阅读理解则可支持通用的基于文档的问答等应用[8]。一般而言,在特定的领域中,往往有更多的特征可用,比如新闻领域中很多公众人物和大型组织机构的名字,健康领域中各种药物的名称、各类疾病的症状,常常可用以帮助解析问题或者理解文章内容;而开放域中则不存在这样的特征。因此,大多数时候,开放域比特定域机器阅读理解任务要更具挑战性。

1.3.2.3　按语言种类分类

输入的文章和问题,以及输出的答案总是以一定的自然语言来表达的,比如中文或英文。根据文章和问题的语言是否一致,可以将机器阅读理解任务分成**单语言**与**跨语言**两大类:如果文章和问题都使用了同一语言(比如英文),则为**单语言机器阅读理解理解任务**;而如果文章和问题的语言不相同(比如问题是中文、文章是法文),则为**跨语言机器阅读理解任务**。

关于上述分类,有三点需要说明:第一是文章的语言,对于多文档机器阅读理解任务(即定义 1.1 中集合 C 中的文章数 $N > 1$ 时),存在一种较特殊的情况,即集合 C 中的文章有部分与问题具有相同语言,而另外一些则与问题的语言不同,这时相应的任务也应归为跨语言机器阅读理解。第二是答案的语言,在实际应用中,答案是返回给提问者的,所以答案的语言应尽可能与问题一致。但答案往往来自文章,而在跨语言任务中,文章与问题的语言可能不同,所以这种情况下在预测答案后,可以考虑增加翻译组件、将答案转为与问题相同的语言,以便更好地满足实际应用需要。第三是所谓"混合语言",随着国际交流不断加深,一种很典型的语言现象是,在一些文章中出现语言混用的情况,比如一篇社交帖文中有一句写道:"**家豪是一个非常 cute 的家伙。**"一般将这种表达称为混合语言(mixed language)。对此,考虑到混合语言的文章(或问题)中,往往会以一种语言为主(上面例子中仍以中文为主),所以为简化分类,这里仍将其视为中文表达,而不再细分出混合语言类来。

不同自然语言往往具有不一样的特征，比如中文等东方语言属于黏着语系，在进一步处理前往往需要分词，而英语、西班牙语等西方语言则不需要。并且，东方语言的句子成分顺序与西方语言也不尽相同。所以，相比于单语言机器阅读理解，跨语言机器阅读理解是一项更加复杂的任务，要完成它，必须要捕获问题与文章之间的语义对应关系，这种关系应该是与语言无关的。我们将在 5.5 节中进一步讨论相关问题。

1.3.2.4　按问题形式分类

在测试机器的阅读理解能力时，往往会参照、甚至直接利用对人类进行语言测试(比如英语考试)时的阅读理解题目来提问出题。这就导致不同机器阅读理解任务的问题形式常常并不完全一样，据此进行分类可以得到至少两个大的常见类别，即：**完形填空**与**自由提问**。在完形填空类机器阅读理解任务中，问题通常是一句或一段省略了部分词或短语的话，要求系统在阅读所给文章后、依据对文章内容的理解来填写答案，予以补全；而自由提问是指问题形式是一个自然语言表达的问句，比如"达尔文是哪一年逝世的？"

显然，自由提问在我们日常交流中更加常用，因而这类型的机器阅读理解任务更符合实际应用需要。此外，在完形填空任务中，问题里已经提供了很多上下文信息，常常可以用来定位答案在文章中的位置；而自由提问式的机器阅读理解任务中提供的上下文信息则一般相对较少，所以通常比完形填空类任务要复杂困难、更具挑战。再者，这里只关注了问题形式，而并没有限定答案形式，所以正如语言考试中的阅读理解试题那样，无论是完形填空，还是自由提问，都既可以有候选答案(选择题)，也可以无候选答案(自主书写作答，常常需要对文章内容进行加工和推理)。接下来会对此展开更详细的分析说明。

1.3.2.5　按答案形式分类

还可以根据输入的文章(集合)是否包含问题答案来对机器阅读理解任务加以区分，由此构建的分类体系如图 1.2 所示，具体说明如下。

按照答案是否在文章中，可将机器阅读理解任务分为两大类：一大类是**答案不在文章中**，即定义 1.1 中集合 C 的任意文章或文章片段均不包含或蕴含答案，所以预测模型 $a = F(C, q)$ 的输出应为空。这时，基于输入集合 C，无法回答给定的问题 q，这样的问题 q 经常也叫(基于文章)无法回答的问题(Unanswerable Questions)。另一大类则是**答案在文章中**，即从输入集合 C 中的某一篇或某一些文章中，可以找到问题 q 的答案或相关支撑线索。这时，问题 q 称为可回答的问题(Answerable Questions)。进一步，按照输入中是否提供了候选答案，可将后面

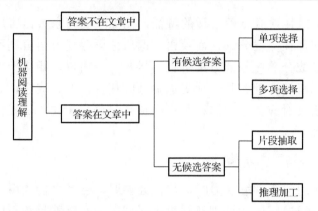

图 1.2　根据答案形式不同而构建的机器阅读理解任务分类体系

一类细分为**有候选答案**和**无候选答案**两类。其中，有候选答案的，又可分为**单项选择**和**多项选择**两个子类，分别对应于候选中只有一个答案正确和有两个以上答案正确两种情况。无候选答案的，则机器阅读理解系统需要自行生成答案，按照答案生成的典型途径又可细分为**原文片段抽取**和**对文章推理加工**两个子类，分别对应于两种情况：①答案系直接抽自集合 C 中某篇文章的片段；②答案无法直接在文章中找到、而需要对文章内容进行加工甚至推理来产生。

在上述分类体系中，有候选答案的机器阅读理解任务相对特殊，其形式化定义给出如下：

定义 1.2　有候选答案的机器阅读理解

给定文章集合 $C = \{c_1, \cdots, c_N\}$、问题 q 和相应的候选答案集合 $A = \{a_1, \cdots, a_M\}$，机器阅读理解通过构建一定的预测模型 $A^{(q)} = F(C, q, A)$，来预测问题 q 的答案集合 $A^{(q)}$。其中 $A^{(q)} = \{a_1, \cdots, a_Q\} \subseteq A$。

定义 1.2 中，候选答案的个数，也即集合 A 中的元素个数 M，通常取 2 或 4，也有时会更多；而预测输出的答案个数，也即集合 $A^{(q)}$ 中的元素个数 Q，应不大于 M。当 $Q=1$ 时为单选类机器阅读理解，而当 $1 < Q \leq M$ 时，则为多选类机器阅读理解。在现有的机器阅读理解数据集中（见后面 1.4.2 小节），通常都取 $Q=1$，即限定每个问题只需要预测输出一个正确答案。但在实际应用中，有多个候选答案正确的情况是客观存在的，后面 3.5.1.1 小节还会讨论到这个问题，并给出示例。特别注意，**本领域有的文献把所聚焦的任务称作"多选"(Multiple-choice)任务，但其所指的是，输入中提供了多个候选答案（即 $M > 1$）、其中仅一个正确，而非需要预测或选择多个正确答案（即 $Q > 1$）。**

显然，定义 1.1 并不能很好地涵盖有候选答案的机器阅读理解任务，它所定义的实际上只是无候选答案的机器阅读理解任务。考虑到在问答等实际应用中，无候选答案是更普遍的情况，所以我们仍旧认为定义 1.1 是更通用的定义。但仅从形式化的角度看，定义 1.2 却更具有一般性，因为：把候选答案集合 A 置为空（即 $A = \varnothing$），且去除 $A^{(q)} \subseteq A$ 的约束条件后，该定义可演变为无候选答案的机器阅读理解任务的形式化定义。

此外，本小节中区分答案形式不同而构建的分类体系，与前面 1.3.2.4 小节按照问题形式不同而划分的类别之间，是相对独立的——理论上，无论是完形填空，还是自由提问，都可能有候选答案，也可能无候选答案。

再者，本节第二段提到了无法回答的问题和可回答的问题。这两种称呼可能会让人误以为是依据问题进行的分类，故应该放到前面 1.3.2.4 小节中。实则不然，前述称呼实际是依据答案（是否包含在所给文章集合中）对问题进行的分类，推广开来，也就是对机器阅读理解任务的分类。所以，我们把这种分类放到本小节中。还要注意，在实际应用中，不能基于给定文章集合回答的问题和可回答的问题往往会同时存在，而且作答之前一般并不知道问题是否可回答。因此，一些更接近实际应用场景的数据集（如 SQuAD 2.0）同时包含了这两类。在后面 5.2 节中，我们还将进一步讨论这个问题。

1.3.3　相关任务辨析

通常，对目标任务和相关任务进行对比分析，将有助于更好理解所关注的目标任务。因此，本节将对机器阅读理解和与其最紧密相关的问答（Question Answering，QA）任务进行辨析，理清二者之间的联系和区别。

两个任务之间存在**紧密的联系**，具体表现在：

（1）机器阅读理解的目的是考察机器对输入文章的阅读理解能力，受到人类语言能力测试中、通过问答题来考察阅读理解能力的启发，该任务同样采用了读文章、答问题的考察形式。因此，机器阅读理解在形式上是问答。

（2）按照答案来源不同，通常可将问答系统分为基于知识的和基于文档的[8]两大类①，前者主要利用到一些既有知识库，在其中搜寻答案；后者则需要在既有文档中搜寻答案，需要以机器阅读理解作为支撑。

但是，这两个任务也有**明显的区别**：

首先，在资源类型方面，机器阅读理解任务是根据给定的单篇或若干篇文章来回答问题，可以被看作是纯粹针对文档的问答任务；与机器阅读理解任务不同的是，问答几乎对资源类型不加限制，可以是非结构化的文本，也可以是网页，

---

① 实际上还有混合式的问答系统，既利用文档库，也利用知识库来搜寻问题答案。

或者是结构化的知识库，资源的数量可以是一个也可以是多个。因此，机器阅读理解的输入中，除了问题，还有给定的文章或文章集合；而问答任务的输入则通常仅有问题。

其次，在任务目标方面，机器阅读理解任务侧重于通过让机器阅读相关文本后对所提问题进行回答，以此来衡量其对文本的理解能力，这一目标也就决定了该任务中所需资源都是预先给定的，而所提的问题都能由给定的文本进行回答[①]，不需要额外的外部知识。而问答任务的目标是利用海量资源对人们所关心的问题给出答案，所以在此任务中，相关资源的搜索是非常重要的一环，将从多个资源中收集到的线索融合成合理的答案也是必须要解决的问题。

总结起来，机器阅读理解与问答是两个高度相关的任务，特别是，机器阅读理解任务在形式上经常采用问答，且它是基于文档的问答的重要支撑。但二者也存在明显的区别，机器阅读理解任务聚焦于针对输入文章内容的问答，其目的是考察机器的阅读理解能力，这通常被认为是自然语言理解能力中的一个重要子项；而问答任务则更强调驱使机器系统在海量资源中搜索可用资源，对人们关心的问题给出合理的答案，往往并不会把候选资源(无论文档库还是知识库)作为输入。

1.4　模　型　评　测

科学合理的模型算法评价是推动几乎所有领域进步的重要动力，机器阅读理解也不例外。因此，本节首先介绍本领域常用的模型精度评价指标，包括指标由来、概念定义和适用任务；然后再重点介绍一下 2015 年后发表的代表性的机器阅读理解数据集，包括它们的数据来源、标注形式，以及所支撑的机器阅读理解任务类型。

1.4.1　评价指标

和其他领域一样，机器阅读理解模型的评价也应包括速度和精度两方面。对于前者，如果模型使用了机器学习技术，并有相对独立的训练过程和预测过程[②]，则应该对这两个过程的计算速度分别予以评价。其中，预测快慢直接关系用户体

---

① 上面 1.3.2.5 节中提到了"答案不在文章中"一类，即不可回答的问题类，但这一类的问题实际上是为了支撑开放域问答任务才扩充进来的。

② 一般而言，采用有监督或弱监督学习(见附录 1)的模型，其训练和预测过程才会相对独立；而采用无监督学习的模型，比如使用 EM(期望值-最大化)算法训练的高斯混合模型(Gaussian Mixture Model, GMM)，其训练和预测(或者叫推理)过程往往是交织的。

验，属于"台上三分钟"，所以更值得关注；而训练过程属于"台下十年功"，对其计算速度一般不会太过苛求——以 BERT、GPT 为代表的预训练语言模型在普通 GPU 服务器上甚至都无法在有限时间内完成训练(而需要使用相当数量的 TPU 服务器进行一周或更长时间的训练)。值得注意的是，尽管深度学习技术的引入使机器阅读理解技术有了长足进步，也开始出现了一些相关应用，但总的来看，本领域还处于发展之中，还有很多有待解决的问题(可参见后面第 5 章和第 6.1 节)，所以当前大家更关注的是模型精度评价而非速度评价。也因此，本节接下来主要介绍机器阅读理解模型的精度评价指标。

一般而言，精度评价指标计算总是离不开标准答案(Ground-Truth Answer)，所以在各式各样的机器阅读理解数据集中，除了提供输入外，还会提供标准输出，即标准答案。此外，不同类型的机器阅读理解任务，往往需要采用不同的精度评价指标：对于有候选答案的任务，最常见的指标是准确度(Accuracy)，即对标准答案的命中率。至于无候选答案的任务，对片段抽取型，通常采用精确匹配(Exact Match，EM)和 F1 分数(F1 Score)；而对于需要推理加工的任务，由于其答案并不一定与参考答案字字相同，所以常用 ROUGE-L(Recall-Oriented Understudy for Gisting Evaluation—Longest Common Subsequence)和 BLEU(BiLingual Evaluation Understudy)来评价模型精度。下面，我们详细介绍这些精度评价指标的定义与计算方法。

1. 准确度

准确度指标的定义为：模型预测结果中与标准答案一致的结果的占比。它通常用于有候选答案的任务评价中。形式化的，给定有 m 个问题的问题集 $Q = \{Q_1, Q_2, \cdots, Q_m\}$，如果模型正确预测其中 n 个问题的答案，则其准确度为：

$$\text{Accuracy} = n / m \qquad (1.1)$$

精确匹配是准确度的一个变体，常用在无候选答案的片段抽取型机器阅读理解任务中，根据预测的答案片段能否精确匹配标准答案对应的字符序列来判断预测答案是否正确。如果能精确匹配，则对应的 EM 值将为 1，否则为 0。在精确匹配的基础上，针对整个测试问题集合 Q 的准确度(常常仍叫做"精确匹配")可以通过式 (1.1) 来计算。为了与用在有候选答案的机器阅读理解任务中的经典准确度指标相区分，在本领域文献中，常常将基于 EM 度量的准确度值直接称为"EM 值"。

2. F1 分数

F1 分数是分类任务中的常用评价指标。对机器阅读理解任务来说，候选答案和参考答案都被视为词的集合，词汇级的真阳性(TP)、假阳性(FP)、真阴性(TN)和假阴性(FN)的定义如表 1.1 所示：

表 1.1 TP，TN，FP，FN 的定义

	在标准答案中出现	没有在标准答案中出现
在预测答案中出现	TP	FP
没有在预测答案中出现	FN	TN

精确率（也叫"查准率"，precision）和召回率（也叫"查全率"，recall）的计算如下：

$$P = \frac{\#TP}{\#TP + \#FP} \tag{1.2}$$

$$R = \frac{\#TP}{\#TP + \#FN} \tag{1.3}$$

其中，#TP、#FP、#FN 分别表示真阳性（TP）、假阳性（FP）和假阴性（FN）的个数。

F1 分数，也被称为平衡的 F 分数，是精确率和召回率的调和平均数：

$$F1 = \frac{2 \times P \times R}{P + R} \tag{1.4}$$

此处，P 表示精确率，R 表示召回率，定义见式（1.2）和式（1.3）。

3. ROUGE-L

ROUGE 是一种最初用于自动摘要的评价指标，由 Lin 等[22]提出。它通过计算模型生成的摘要和标准摘要之间的相似程度来评估前者的质量。为适应不同的评估要求，ROUGE 出现了不同的版本，如 ROUGE-N、ROUGE-L、ROUGE-W、ROUGE-S 等，感兴趣的读者可以查阅文献[22]，详细了解这些版本的含义与区别。其中，ROUGE-L 被广泛用于评估无候选答案的机器阅读理解任务，包括片段抽取和推理加工两个子类。与其他指标（如 EM 或准确度）不同，ROUGE-L 更灵活，主要测量标准答案和预测答案之间的相似性，名字中的"L"表示最长的公共子序列（Longest Common Subsequence，LCS）。ROUGE-L可按如下公式计算：

$$R_{lcs} = \frac{LCS(X,Y)}{m} \tag{1.5}$$

$$P_{lcs} = \frac{LCS(X,Y)}{n} \tag{1.6}$$

$$F_{lcs} = \frac{(1+\beta)^2 R_{lcs} P_{lcs}}{R_{lcs} + \beta^2 P_{lcs}} \tag{1.7}$$

其中，X 是有 m 个词的标准答案，Y 是有 n 个词的模型预测答案，$LCS(X,Y)$ 表示

X 和 Y 之间的最长公共子序列的长度，F_{lcs} 表示 ROUGE-L 指标值。通常，式（1.7）中的权重参数 β 会取得较大，使得整个指标更关注召回率 R_{lcs}，这可以通过对 F_{lcs} 取倒数来加以理解：

$$\frac{1}{F_{\text{lcs}}}=\frac{1}{(1+\beta)^2 P_{\text{lcs}}}+\frac{\beta^2}{(1+\beta)^2 R_{\text{lcs}}}$$

显然，β 越大，上面等式右边第一项会越小，而逐渐可被忽略，第二项则逐渐趋于召回率 R_{lcs} 的倒数。

使用 ROUGE-L 来评估机器阅读理解模型的性能时，并不要求预测答案是标准答案的连续子序列，而二者之间有更多的连续词汇重叠（也即公共子序列越长），则预测答案会获得更高的 ROUGE-L 得分。

4. BLEU

由 Papineni 等人[23]提出的 BLEU 原本用于评价机器翻译的效果。应用到机器阅读理解任务时，BLEU 评分被用以衡量预测答案与标准答案之间的相似性，其基本思路是，通过计算预测答案中的 n-gram 相对于标准答案的准确率（precision），来衡量预测答案的准确性，计算方法如下：

$$\text{BLEU}=\text{BP}\cdot\exp\left(\sum_{n=1}^{N}w_n\log P_n(c,r)\right)\qquad(1.8)$$

其中，BP 是惩罚因子，用于对过短的答案进行惩罚，具体方式后面再说明；N 表示所考虑的 n-grams 的最大跨度，一般取 $N=4$，即 BLEU 计算过程中通常考虑 1-gram、2-gram、3-gram、4-gram；w_n 是 n-gram（$n=1,\cdots,N$）的权重，通常取均匀权重，即 $w_1=w_2=\cdots=w_N=1/N$；$P_n(c,r)$ 是预测答案 c 中的 n-gram 相对于标准答案 r 的准确率，计算公式为：

$$P_n(c,r)=\frac{\sum_{i\in\text{n-grams}}\min(h_i(c),h_i(r))}{\sum_{i\in\text{n-grams}}h_i(c)}\qquad(1.9)$$

这里，$h_i(c)$ 表示第 i 个 n-gram 在预测答案 c 中的出现次数，$h_i(r)$ 表示该 n-gram 在标准答案 r 中的出现次数。有时，会有多个标准答案，不妨设为 M 个，所构成的标准答案集合为 $R=\{r_j\,|_{j=1}^M\}$，则式（1.9）应调整为：

$$P_n(c,R)=\frac{\sum_{i\in\text{n-gram}}\min\{h_i(c),\max_j\{h_i(r_j)\}\}}{\sum_{i\in\text{n-gram}}h_i(c)}\qquad(1.9')$$

显然，式（1.9）是式（1.9'）在 $M=1$ 时的特例。但无论是式（1.9）还是式（1.9'），都存在一个突出缺陷——当预测答案 c 过短时，比如只有一个标准答案也包含的单词（如定冠词 the）时，就会导致 $P_n(c,R)=1$。为克服这个问题，Papineni 等人引入了惩罚因子 BP，定义如下：

$$BP = \begin{cases} 1, & l_c > l_r \\ \exp(1-l_r/l_c), & l_c \leq l_r \end{cases} \tag{1.10}$$

其中，l_c、l_r 分别表示预测答案和标准答案的长度。按照式(1.10)，$BP \in (0,1]$，且满足：当预测答案不短于标准答案时，$BP=1$，不加惩罚；而当预测答案比标准答案短时，$BP<1$，对 n-gram 准确率进行惩罚(或者说压减)，且 l_c 越短，BP 越小，相应的惩罚力度越大。

由上面的定义不难看到，BLEU 指标的取值范围在 [0,1] 区间上，且指标值越大，说明预测答案与标准答案的一致性越高。此外，BLEU 还有两个优点：一是它支持有多个标准答案的情况，也不要求预测答案与标准答案之间字字相同；二是由于使用了 n-gram 准确率，它不仅可以衡量预测答案与标准答案的一致性，还可以衡量预测答案的可读性。因为有了这些优点，所以 BLEU 指标比较适合用来评测无候选答案的阅读理解任务中答案需要推理加工来获得的子类。

1.4.2　代表性数据集

前面第 1.1 节已提到，大规模、高质量的数据集是促进机器阅读理解领域近年快速发展的驱动因素之一，CNN&Daily Mail[1]、SQuAD[2] 和 MS MARCO[3] 等数据集的发布更是本领域的重要里程碑——使得任务设定越来越贴近实际应用场景，促使越来越多的基于深度学习的阅读理解方法不断涌现。

与其他领域一样，机器阅读理解数据集的主要用途在于模型训练与测试(或验证)，因此需要包含相当数量的样本，并且每个样本都应同时提供任务输入和标准输出。具体来说，数据集中每个样本的输入是文章(集合)和问题，如果针对的是有候选答案的阅读理解任务，输入中还会包括候选答案；输出则是标准答案(或称"参考答案")，如果数据集包含仅依据所给文章无法回答的问题，则标准答案可能为空。

不同数据集所针对的机器阅读理解任务类型往往不同，因而接下来将根据前面 1.3.2.4 节和 1.3.2.5 节给出的任务分类，来介绍不同类型机器阅读理解任务的代表性数据集：首先按问题形式，将数据集分为完形填空类和自由提问类两大类，然后再在每类内部具体说明是否包含候选答案、数据由来、数据规模，以及如何避免问题和文章之间语义重复等方面。

1.4.2.1 完形填空类数据集

本小节将总共介绍 6 个代表性的完形填空数据集。其中，前 3 个数据集未提供候选答案，后 3 个则提供有候选答案。就求解难度和复杂度而言，无候选答案的数据集通常更高；而就避免问题理解的歧义性和方便与人的预测结果作对比来说，提供候选的数据集更佳。

1. CNN & Daily Mail

这一数据集由 Hermann 等人[1]构建，是非常具有代表性的完形填空机器阅读理解数据集。数据集由 2007 年 4 月～2015 年 4 月的约 93,000 篇 CNN 新闻文章和 2010 年 6 月～2015 年 4 月的约 220,000 篇 Daily Mail 新闻文章组成，数据规模很大，且不包含(已被剔除)单篇超过 2000 字的文章和答案不在原文中出现的问题，这让在机器阅读理解领域使用有监督深度学习方法成为可能。这些文章都附有包含新闻主要观点的简短摘要，摘要具有较好的概括性，而且和原文有较少的句子重复。利用这个特点，Hermann 等人每次使用占位符替换新闻摘要中的一个实体，将其转换成完形填空式的问题，从而构建了一个文章-问题-答案三元组语料库，要求机器通过阅读原文回答被占位符代替的实体是什么，以此来衡量机器对文本的理解能力。由于问题不是直接从原文中提出的，所以这个任务具有较大挑战性，一些基于信息抽取的方法很难有好的表现。这种构造机器阅读理解数据集的方法也给之后的数据集构造带来很多启示[24-26]。此外，藉由其构造过程能够看出 CNN&Daily Mail 数据集的一些特点：答案是某种实体对象，且答案一定出现在原文中。所以，CNN&Daily Mail 数据集并不适用于需要让机器在原文内容的基础上进行推理的问题。

2. LAMBADA

为了将更广泛的上下文纳入考虑，Paperno 等人[27]开发了 LAMBADA (Language Modeling Broadened to Account for Discourse Aspects)数据集。其中的数据来源于 Book Corpus 小说语料库，与其他类型的文本(如新闻数据、维基百科或著名小说)相比，未出版的小说使外部知识的潜在有用性降到了最低。该数据集总共包含 5325 篇小说，其中训练集使用了 2662 篇小说；开发集用了 1331 篇小说，包含从中抽取的 4869 篇文章；测试集用了 1332 篇小说，包含从中抽取的 5153 篇文章。每篇文章平均由 4.6 个句子和 1 个目标句组成，任务是预测目标句的最后一个单词(目标单词)，未提供候选答案。为减少数据集收集的时间和成本，Paperno 等人组合应用了四种语言模型，即预训练 RNN 及三种用 Book Corpus 语料训练的模型(标准 4-gram、RNN 和另一种前馈模型)，过滤掉对于这四种语言模型来说相对容易的文章，以避免简单基于局部上下文就可以作答的情况。

LAMBADA 与 CBT 相似，数据来源也是故事小说，任务也是单词预测。二者最大的不同在于，LAMBADA 中需要预测的是目标句中的最后一个词，而 CBT 中预测的是目标句中任意一个被隐去的词。此外，Paperno 等人发现 CBT 中的一些例子可以直接用目标句进行推测作答，而不需要上下文信息，这就是说，与 CBT 相比，LAMBADA 数据集对上下文的理解提出了更高要求。

3. CliCR

上面介绍的两个数据集都是针对开放域的，而针对特定应用领域的数据集通常比较稀缺。鉴于此，Suster 等人[24]使用医院的临床病例数据来构建大规模的完形填空数据集 CliCR。CliCR 数据集的来源为《英国医学杂志》中的病例报告类文章，数据跨越 2005～2016 年，包含大约 100,000 个问题及相关文章。与 CNN&Daily Mail 数据集相似，CliCR 通过隐去病例报告的各"学习要点(Learning Point)"信息中的实体来生成问题，不同的是，CliCR 数据集隐去的是医疗领域的特定实体，为正确回答问题带来了更大挑战。此外，在构造数据集时，Suster 等人使用两种启发式方法来细化识别实体，将虚词从实体的开头移到实体的外面，并调整实体的边界，使其不包括实体末尾的插入语，提高了实体识别的质量。再者，作者还借助外部知识库获取实体的别称等，以此构建了标准答案集合(而非单个标准答案)。他们还发现，使用领域知识和实体跟踪进行推断是成功回答 CliCR 数据集中的问题所最常需要的技能，同时识别省略信息和进行时空推理是需要克服的最大技术挑战。总的来说，CliCR 数据集的引入促进了机器阅读理解在诸如医疗诊断等特定领域的应用，改进模型以回答那些需要基本常识和领域知识的问题成为一个重要的未来研究方向。

4. Who-did-What

为了更好地评价机器的自然语言理解能力，在构建机器阅读理解数据集时应尽量避免问题和文章之间存在重复句子。鉴于此，Onishi 等人[25]利用 Gigaword 新闻语料库中的数据开发了 Who-did-What 数据集。该数据集由 147,786 个问题构成，其中训练集包含 127,786 个问题，开发集和测试集分别包含 10,000 个问题，每个问题有 2～5 个候选答案，同样均为人名实体，但其中只有 1 个为正确答案。相比于之前的机器阅读理解数据集，Who-did-What 具有许多新特性：第一，与 CNN&Daily Mail 数据集相比，Onishi 等人避免使用文章摘要来形成问题，相反，每个问题都由两篇独立但相关的文章生成，一篇作为给定文本，另一篇文章用于产生问题；第二，正如其名字所展示的，该数据集主要关注人名实体，而且实体没有被匿名，允许使用外部知识来提高模型性能；第三，为增加任务难度，Onishi 等人去掉了一些用如 n-gram、unigram 等简单基线模型就能轻松预测答案的问题，而只保留了比较困难的问题。总的来说，Who-did-What 数据集避免使用文章摘要来回答问题，同时采用的基线方法可以用较小代价加大问题难度，为机器阅读理解带来一些新的问题与挑战。

5. CBT

Hill 等人[28]从另一个角度构造了完形填空式的机器阅读理解数据集 CBT (Children's Book Test)。CBT 的数据均来自于 Project Gutenberg 的儿童故事书，这是因为儿童故事能保证故事叙述结构的清晰，从而使得上下文的作用更加突出。Hill 等人搜集了 108 本儿童故事书，其中每个章节选取 21 个连续的句子构成问题与文章。将第 21 句中隐去一个单词后的句子作为问题，其余 20 句充当回答问题所需的文本，被隐去的单词作为答案。每个问题给定 9 个额外的候选答案，这些候选均从原文中随机选取，且与隐去的单词(正确答案)具有相同词性。所以，每个问题总共有 10 个候选，其中仅 1 个是正确答案，其余 9 个是容易引发混淆的干扰项。CBT 和 CNN&Daily Mail 之间有许多不同之处：①CBT 没有对文中的实体进行匿名处理，所以模型可以更广泛地利用上下文中的背景知识；②CNN&Daily Mail 中隐去的单词限定为命名实体，但是在 CBT 中有四种不同类型：命名实体、名词、动词和介词；③CBT 提供了候选答案，在一定程度上简化了问题；④ CNN&Daily Mail 任务需要模型从新闻摘要中识别缺失的实体，因此更侧重于复述部分文本，而 CBT 需要从上下文进行推断和预测。总的来说，随着 CBT 数据集的出现，在阅读理解中发挥至关重要作用的上下文也逐渐得到了更多关注。

6. CLOTH

与上述自动生成的数据集不同，CLOTH(Cloze Test by Teachers)数据集[29]是由人工构造产生的，它是第一个大规模的人工生成的完形填空数据集，其数据来源为中国学生的初、高中英语考试题目，共包含 7131 篇文章和 99,433 个问题，每个问题均附有 4 个候选答案，但其中仅 1 个正确。此类完形填空题目考察的是学生对于英语的理解和运用，常见的题型包括语法题、词汇题和推理题，并且这一数据集中的问题均由初、高中的老师精心设计，很少有无意义的问题，所以该数据集更具挑战性，需要模型对文章、甚至语言有深度理解。鉴于高中试题比初中试题更复杂，作者将数据集分为 CLOTH-M 和 CLOTH-H 两部分，分别对应初中和高中试题。该数据集中开发集和测试集各占总数据量的约 11%，余下部分为训练集。CLOTH 数据集的出现，为语言建模和机器阅读理解任务提供了一个有价值的测试平台，可以评估模型的上下文建模能力，同时测试机器对语言现象的理解程度，包括词汇、推理和语法等，这也是自然语言理解的关键组成部分。

1.4.2.2　自由提问类数据集

本小节介绍 11 个自由提问类的代表性数据集。其中，前两个数据集提供了候选答案，均为 4 选 1(有四个候选答案、仅 1 个正确)；后面 9 个数据集中均未提供候选答案，但预测答案生成的方式并不完全一样——数据集(3)~(6)所聚焦的为片段抽取型机器阅读理解任务，即可通过从文章中抽取合适片段、以之为答案来回答问题；(7)~(11)所聚焦的则为推理加工型机器阅读理解任务，即需要从文章中搜寻线索，并对线索进行适当推理加工才能获得问题答案。

1. MCTest

MCTest 由 Richardson 等人[15]于 2013 年提出，是早期提出的多项选择机器阅读理解数据集之一。该数据集采用众包方式构建，包含 500 篇虚构故事，故事长度在 150~300 个单词之间，故事主题包括假期、动物、学校和汽车等。针对每一篇故事提出 4 个问题，每个问题有 4 个候选答案。此外，这些故事与问题均被限制在儿童能理解的范围内。Richardson 等人之所以选择小说来构造数据集，是为了减少回答问题所需的外部知识，保证问题可以根据故事提供的线索来回答。还有许多数据集也选择故事作为语料库，例如前文介绍的 CBT 和 LAMBADA 数据集，相比于这些数据集，MCTest 规模较小，且采用众包方式构建，保证了数据集的高质量。尽管 MCTest 的出现在一定程度上促进了机器阅读理解领域的研究，但是由于其规模较小，不适合一些需要大规模数据进行训练的模型和方法。

2. RACE

与前文所述的 CLOTH 数据集相似，RACE 数据集[30]也是由中国初、高中学生的英语考试题目搜集而成。该数据集包含大约 27,933 篇文章以及近 97,687 个问题，这些问题均由英语教师精心设计，用来测试学生的理解与推理能力。每个问题提供了 4 个候选答案，但其中仅有 1 个正确。该数据集中的文章类型更为多样，与大多数据集中只使用固定类型的文章不同(比如，CNN&Daily Mail 和 NewsQA 中只使用新闻，CBT 和 MCTest 中只使用小说)，几乎各种类型的文章都在 RACE 数据集中出现。作为多项选择任务，RACE 数据集对推理提出了更高要求，因为问题和候选答案都是人工构造的，正确答案并不一定直接是文章中的片段，简单的基于信息检索的方法在这一数据集上往往不会有很好表现，只有从语义层面深入理解文章，通过分析文章线索并基于上下文进行推理，才能选出正确答案。另外，与 MCTest 相比，RACE 包含的文章与问题数量更多，这更有利于训练参数量较大的深度学习模型。再者，MCTest 中的故事是为儿童设计的，而 RACE 是为 12~18 岁的初中生和高中生设计的，因此 RACE 数据集需要更强的推理能力。总之，RACE 数据集构造更为精妙且富有挑战。

最后补充说明一下，尽管我们按问题形式将 RACE 划归为自由提问类的数据集，但实际上，该数据集中也有一些类似完形填空的问题——候选答案是问题中被带下划线的空格隐去的部分。所以，严格来说，RACE 数据集从问题形式上看，应属于"混合型"数据集，即其中既有自由提问式问题，也有完形填空类问题。不过为了简化本节的内容组织，我们没有把它单列出来。

3. SQuAD

由斯坦福大学的 Rajpurkar 等人构建的 SQuAD 数据集可以说是迄今影响力最大的机器阅读理解数据集之一。这个数据集甫一发布，基于它的机器阅读理解竞赛很快就受到工业界和学术界的广泛关注，反过来促进研究人员不断开发出各种新颖的机器阅读理解模型。SQuAD 前后发布了两个版本，下面分别加以介绍：

SQuAD 1.0[2]数据集取材于 Rajpurkar 等人从维基百科中收集的 536 篇文章，他们之后以众包方式请人根据这些文章提出了 107,785 个问题，问题的答案是原文中的片段。相对于之前的机器阅读理解数据，SQuAD 1.0 数据集不仅规模大而且质量非常高，并且定义了片段抽取这一全新的机器阅读理解任务类型——不提供备选答案，而要求使用原文中的片段(不局限于某个单词或命名实体)来回答问题。但是，SQuAD 1.0 定义的片段抽取型阅读理解任务限定问题的答案一定包含在文章中。相应的机器阅读理解系统也就总会从给定文章中提取出一个"最佳"片段来，而不管这个预测结果的置信水平到底如何，这就导致在实际应用中经常碰到的、答案本不在所给文章中的情景下，系统也会给出一个所谓"回答"，但所给答案显然是错误的。

为了克服这个问题，Rajpurkar 和他的同事[31]通过对 SQuAD 1.0 版进行扩充，构建发布了 SQUADRUn (SQuAD with Adversarial Unanswerable Questions)数据集，通常称之为 SQuAD 2.0 版。具体来说，在 1.0 版基础上，SQUADRUn 新扩充了 53,775 个由所给篇章无法回答的问题，这些问题都是请众包工人根据文章内容提出的，满足：①问题内容都与给定的篇章相关；②篇章中包含有貌似正确的虚假答案。引入这些具有较强混淆性的无法回答的问题，不仅使 SQuAD 数据集的难度陡然提升(很多早先在 1.0 版上性能卓著的模型在 2.0 版上的性能出现了急剧下滑)，更重要的，也使数据集的任务设定更符合实际应用需要。

4. NewsQA

NewsQA 数据集[32]是一个与 SQuAD 类似的大规模片段抽取数据集，包括众包工人阅读文章标题和摘要而非全文后提出的 119,633 个问题，它们的答案(如果存在)是给定原文中的片段。由于提问者只看了文章标题和摘要，而未阅读全文，所以他们提出的问题更能反映好奇心驱动的信息搜寻过程，但也因此，这些问题并非都能在全文中找到答案。尽管 NewsQA 和 SQuAD 1.0 比较相似，但这两个数据集（主要与 SQuAD 1.0 比较）也存在三方面显著不同：一是文章来源不同，NewsQA 主要收集了 CNN 中的新闻（包括 12,744 篇），而 SQuAD 的文章源自维基百科，所以前者的文章明显要比后者的长（平均长度为后者的 6 倍），且二者涉及的领域不同；二是相对于 SQuAD，NewsQA 的制作过程鼓励文章和问题之间在词法和句法上体现差异，并有更多问题需要通过推理来回答；三是与 SQuAD（1.0）不同，NewsQA 有相当一部分问题在所给文章中找不到答案。值得强调的是，最后这点使得 NewsQA 的任务设定与实际应用更加接近。也正是受此启发，Rajpurkar 等人随后发布的 SQuAD 数据集 2.0 版本[33]才同样增加了不能回答的问题。

5. TriviaQA

在之前的数据集构造过程中，通常让众包工人先阅读一些文章（或者文章标题和摘要），之后再提出和它们相关的问题。这样的提问过程常常导致问题与原文内容关联性过强，过分受限于原文。而人类的信息获取过程往往与此迥异——人们通常先提出问题，再寻找有用的资源来回答问题。为了弥补先前数据集构造中的这一不足，Joshi 等人[21]构建了 TriviaQA 数据集。他们首先从一些问答网站中收集一系列的问题-答案对，然后从两种来源搜集回答问题所需的线索（在 Bing 上搜索该问题的结果和关于问题中出现的实体的维基百科文章），并将二者合并成为线索集合，从而形成文章-问题-线索（集合）的数据样本。TriviaQA 的任务设定本质上仍然是抽取式的机器阅读理解，即利用给定的线索，对提出的问题进行回答，答案是线索中的片段。最终数据集中包含 650,000 个问题-答案-线索三元组，95,000 个问答对，在规模上超出了之前阅读理解的主流数据集。而且，所采用的新颖的构造方式使得 TriviaQA 数据集中的问题和线索的相似性更低，从而更具挑战性。

6. DuoRC

Saha 等人[26]在构建 DuoRC 数据集时也尝试减少问题和文章间的重复词语。为此，他们采用了包含平行版本的电影剧情语料，其中每部电影都有两个不同版本的情节描述，一版来自影评社区 IMDb，另一版来自维基百科。构建过程中利用众包工人，来从两个版本的电影剧情中创建问题-答案对：一部分工人阅读每部电影的一个版本的剧情，在此基础上提出问题；另一部分工人阅读每部电影的另一个版本的剧情，并创建问题答案。由于两个版本出自不同作者，二者之间存在明显差异，所以回答问题需要更多的情节理解和推理，同时避免了很多数据集存在的、问题和文章表述相似度过高的现象。这种问题-答案对构建方式与前面介绍的 Who-did-What 数据集采用的方式比较类似。另外值得一提的是，DuoRC 中有些问题,虽然看起来与给定的文章(即同一部电影的另一个版本的剧情)是相关的,但是实际上不能从中找到答案。因此,该数据集中也存在不能回答的问题,要求模型首先判断问题答案是否包含在所给文章中。

7. bAbI

Weston 和他的同事构建的 bAbI 数据集[33]是一个著名的人工合成语料构成的机器阅读理解数据集。为评测机器系统的阅读理解能力,作者划分了 20 个相互独立的基本任务,每个任务可以评测一方面的文本理解能力,比如从文本中发现单一事实的能力、发现 2~3 个事实的能力、识别 2~3 个变元之间关系的能力、判断某一说法是否符合文章内容的能力、对列表或集合中元素进行计数的能力,等等。针对每个任务,作者采用类似文字(合成)挑战游戏的方式,来生成若干问题-答案-声明组。其中,"声明"在原文[33]中的英文词为 statement,一般是几个陈述事实的简单句,相当于机器阅读理解任务中的给定文章或者说篇章(集合)。所采用的文本语料合成方法基于一个设想的虚拟世界,其中包含不同类型的实体(如地点、物体、人等)和实体行为(如走、拿起、放下、离开等),并为不同类别的实体设置了相应的状态空间和属性空间,给实体行为定义了一组通用约束条件(如行为主体不能放下她/他/它没有或未拿起过的东西)。进一步,运用了一些简单的基于规则的自动语法,比如为行为词引入同义词,为实体引入别称,再设定每项任务对应的虚拟世界的实体集合、行为集合和词典,然后利用语法规则来构造该类任务的声明文本,比如"汤姆去操场了"。每类任务的问题与问题本身高度相关,可以提前设置,比如测评单一事实发现能力的任务可以提问实体位置或状态,好比"汤姆在哪儿?";标准答案则随问题(类别)和声明(内容)而定,利用简单规则即可得到,比如前面例子中标准答案为"操场"。

在使用 bAbI 数据集评测机器阅读理解模型时,既可以针对单一任务或某几个任务,也可针对所有任务;但作者认为,要想全面评测系统的文本理解能力,应该 20 个任务都测,而且这些评测只是针对合成的简单文本,可作为实际数据测试前的测试,以便更好地发现模型的能力短板、为改进完善提供参考,但并不能替代实际数据测试。

bAbI 数据集的公布促进了许多算法的开发和改进,但到目前为止,数据集中所有句子都是合成的,相对较短,几乎没有嵌套等复杂语法结构,和实际应用的差距还比较大。

8. MS MARCO

MS MARCO(Microsoft Machine Reading Comprehension)数据集[3]堪称 SQuAD 之后又一个里程碑式的机器阅读理解数据集,该数据集是微软基于搜索引擎必应(Bing)构建的大规模英文阅读理解数据集，包含 10 万个问题和 20 万篇不重复的文档。其中所有问题均来自于必应或微软 Cortana（"小娜"），是用户输入的真实问题，能够很好地反映真实应用场景。归纳起来，MS MARCO 数据集有四点显著特征：①所有问题均来自于真实用户；②对于每一个问题，相应的文章集合出自必应搜索引擎中检索得到的 10 篇相关文章，这些文章可能包含噪声、甚至互相矛盾的信息；③问题答案由人工生成，通常是完整的句子，而不再局限于原文中的片段，因此回答问题需要更多的跨文章的推理和归纳，甚至需要运用外部知识；④同一个问题可能存在多个答案，也可能不存在答案（依据所给文章集合无法回答），这对于正确作答提出了更大的挑战。MS MARCO 数据集的提出使机器阅读理解任务更贴近于实际应用需要，是本领域最有应用价值的数据集之一。

9. SearchQA

这一数据集的构建过程和前面介绍过的 TriviaQA 非常相似，都遵循了问答的一般流程，即先生成问题-答案对，再去谷歌搜索引擎中检索相关文本作为支撑材料，而不是从选定的文章开始生成问答配对。这种做法获得的文本，噪声会更大一些，难度也会相应更大。为了构建 SearchQA 数据集，Dunn 等人[34]首先从 J!Archive 网站上收集超过 140,000 个问题-答案对（该网站保存了有关电视节目 Jeopardy!的所有问答对），之后在谷歌上检索与问题相关的证据片段。与 TriviaQA 的不同之处在于，SearchQA 中每一个问题-答案对平均有 49.6 个相关的证据片段，其中每个"问题-答案-上下文"元组都附带额外的元数据（如证据片段的 URL、标题等），而 TriviaQA 为每一个问题-答案对仅提供了一篇包含证据的文章。因此，SearchQA 的挑战性显然更大。

10. NarrativeQA

前面介绍的数据集中，很多时候回答问题的线索往往仅出现在给定文章中的一句话内，而在现实生活中，读者阅读文档后，通常不能从记忆中重现整个文本，但却可以回答关于文档内容问题，如重要的实体、事件、地点及其相互关系等。因此，为测试理解能力而提出的问题，通常应是关于高层次抽象语义的，而不是关于只在某个句子中出现一次的事实。看到了这一不足，Kočiský 等人[35]设计构建了 NarrativeQA 数据集，该数据集是第一个基于整本书或整个剧本的大规模问答数据集。他们在维基百科上搜索与故事和电影脚本相关的总结摘要，帮助提高对复杂叙事的理解，并要求众包工人根据这些摘要生成问题-答案对。NarrativeQA 数据集包含来自于书本和电影剧本的 1567 个完整故事，数据集划分为不重叠的训练、验证和测试三个部分，共有 46,765 个问题答案对。这一数据集的主要特点在于，回答问题必须理解整个篇章，而不能仅仅依靠简单匹配、抽取文章中的片段。

11. DuReader

与 MS MARCO 数据集类似，百度公司发布的 DuReader[4]是另一个来自实际应用的大规模机器阅读理解数据集。相较于之前的数据集，DuReader 有四个主要特点：①数据来源更加贴近实际；②问题的类型较丰富；③数据规模大；④采用中文语料。具体来说，DuReader 中的问题和文档来自百度搜索(搜索引擎)和百度知道(问答社区)。答案是人工生成的，而不再是原文中的子片段，因此更贴合真实应用场景。在实体类问题、描述性问题基础上，DuReader 引入了两种新的问题类型：是非类问题和观点型问题。与事实型问题相比，回答它们有时需要对文档的多个部分进行汇总，所以更具有挑战性。DuReader 数据集共包含了 20 万个问题、100 万篇文档和超过 42 万个人类总结的答案，每个问题一般对应 5 个文档，每个文档平均有 7 个段落，因此数据规模十分庞大。并且，所有问题、答案和文档均用中文书写。

1.5　典　型　应　用

如前所述，机器阅读理解是基于文档的问答系统的重要支撑，或者说核心环节之一，因此具有较突出的应用价值。

早期的文献(如文献[8]和[36])一般认为，机器阅读理解支持的应用主要有两大类：一类是(基于文档的)开放域问答(Open Domain Question Answering)系统，另一类是会话式问答(Conversational Question Answering)系统。实际上，机器阅读理解主要解决针对给定文章(集合)的问答问题，如果把"文章(集合)"拓展为广义的非结构化"上下文"或者"语境"信息，则它主要聚焦于针对给定的非结构化上下文的问题回答，这可用于一系列实际应用中。下面分两方面来介绍机器阅读理解的典型应用，一是搜索引擎增强，可视为机器阅读理解技术的直接应用；二是各种智能助理，通常需要将机器阅读理解技术与会话模型(Conversational Models)、语音识别和合成技术等相结合。

1.5.1　搜索引擎增强

信息过载(Information Overload)是我们在互联网时代面临的最突出问题之一。搜索引擎的出现无疑明显缓解了这个问题，但传统搜索引擎存在的不足，制约了它进一步解决信息过载问题的能力：

(1)输入关键词或关键词组合的方式与用户日常交流中获取信息的习惯并不相符，有时候用户甚至不知道该输入什么关键词。

(2)针对用户的提问，搜索引擎往往提取其中的关键词并加以组合来构造检索规则，而并不能理解用户使用自然语言表达的查询问句的含义和信息获取意图。

(3)搜索引擎往往不能直接给出用户所提问题的答案，而是返回大量与提问相关的信息，用户若是要获取问题答案，还需要自行阅读这些检索结果(大量网页或文档)、然后再梳理总结答案。

机器阅读理解技术的引入使得搜索引擎功能得以增强，在交互方式上也更符合用户的问答习惯。机器阅读理解技术主要应用于事实型问题中，这类问题一般对一个客观事实进行提问，且存在标准答案。例如，提问"**紫禁城的面积是多少？**"，传统搜索引擎会将问题拆分为"**紫禁城+面积**"等关键词的逻辑组合，然后运用查询扩展技术(如将"**紫禁城**"的别名"**故宫**"也包含进来)，检索返回网上相关信息，见图 1.3 中示例(a)；而使用机器阅读理解技术后，搜索引擎便能直接理解问句，并返回相应的答案，见图 1.3 中示例(b)，这可以有效节省用户阅读相关网页的时间，提升信息检索效率。

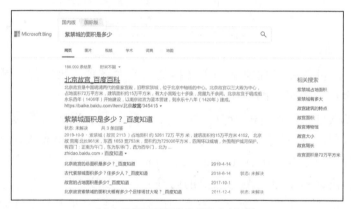

(a)未使用机器阅读理解技术(必应)

(b)使用了机器阅读理解技术(百度)

图 1.3   在不同搜索引擎中进行提问检索的示例

1.5.2　智能助理

　　将机器阅读理解技术与会话模型、语音识别和合成技术①相结合，可以运用到商业、金融、医疗、司法等垂直领域，扮演智能助理的角色。其中，会话模型的引入，可以解决人机交互过程中会话上下文，特别是对话历史信息的利用问题，以便更好地理解和回答问题。语音识别可将（人类）用户的提问语音转换为文本，以便作为机器阅读理解的输入；而语音合成技术则主要用以将机器阅读理解预测的答案文本自动转换为语音、播放出来。这样，人机之间便可以通过语音会话这种更自然、更便捷的方式来进行交互，用户体验得到提升。

　　具体而言，在**电商领域**，借助机器阅读理解技术可以高效理解用户手册、相关活动细则等内容，将其集成到智能客服系统中，实现顾客提问的自动回答，减少人工参与，从而节省人力成本，并提高客服响应率和问题回答准确率。在**司法领域**，可使用机器阅读理解技术理解相关的条例条款、法规文件，继而辅助定罪量刑，实现智能司法。在**健康领域**，可用以理解医学书籍、文章和药品使用说明书等，进而自动回答用户的相关提问，提供自动化、智能化的健康咨询服务。在**商业等其他领域**，还可用以提供智能化决策咨询服务——例如，通过阅读和理解最新的全球股市和金融动态（相关信息往往涉及多种语言的文本、甚至图表等），第一时间自动回答公司总裁类似"今天纽约道琼斯指数是多少？""今天美元汇率多少？""美国商务部发布的最新许可授权涉及哪些产品和公司？"，等等。

1.6　本　章　小　结

　　本章主要介绍了机器阅读理的任务定义、模型评测与典型应用，首先通过举例引入了什么是机器阅读理解任务，分析了基于深度学习的机器阅读理解技术在近年广受关注、快速发展的动因；接着回顾了机器阅读理解相关研究的发展历程；随后给出了机器阅读理解任务的形式化定义，从文章、问题和答案等不同角度对任务进行了分类，并与关联任务——自动问答进行了辨析区分，并介绍了模型评测涉及的评价指标和代表性数据集；最后概述了搜索引擎增强、智能助理等典型应用。

---

① 将机器阅读理解产生的问题答案文本自动合成为语音，播放出来，从而借助语音这种更自然的交互方式来回答问题，提升用户交互体验。

第 2 章　深度学习基础

深度学习 (Deep Learning)[37]由加拿大科学家 Geoffrey E. Hinton 于 2006 年提出。它是机器学习的一个新分支，能够使用多个处理层所组成的计算模型来学习具有多层次抽象的数据表示。近年来，各种神经网络模型在深度学习中广泛运用，特别是卷积网络、循环神经网络等发展迅猛，成功提高了文本、图像、音频、视频等媒体数据的分析和识别效率与准确率。此外，不断提高的硬件运算能力和不断涌现的并行化技术，加速了深度学习的发展与应用，引领了又一波人工智能热潮。为给各类基于深度学习的机器阅读理解方法和模型的介绍奠定基础，本章主要介绍深度学习中经常涉及的一些基本模型、表示学习方法、常用网络，以及注意力机制。鉴于本书主题是文本机器阅读理解，所以本章接下来的内容主要从文本分析(或者说自然语言处理)的视角来展开。

2.1　多层感知机

本节从单运算节点构成的简单感知机开始,逐步引入多层感知机的生物起源、一般模型结构、各节点运算、模型的优化目标和训练算法等。

2.1.1　感知机

2.1.1.1　基本模型

感知机 (Perceptron，又称感知器) 是神经网络发展史上第一个从算法角度完整描述的神经网络，最早由美国生理学家 Frank Rosenblatt[38] 于 1958 年提出。感知机模型源于对神经元之间传递信息过程的抽象。图 2.1 为神经元 A 与 B 之间传递信息过程的抽象截面图，神经元 A 释放的神经递质(一种神经元间传播信息的化学物质)经过神经元之间的间隙，作用在神经元 B 上，神经元 B 对该信息作出判断，当强度达到相应阈值，神经元 B 接受该信息并利用一定的处理机制将此化学信号转化为电信号，继续向下一神经元传播。在我们人体中，神经元之间以这种方式建立错综复杂的联系，最终构建起复杂的神经元网络，处理维持机体正常运转的各种信号。

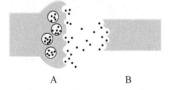

图 2.1　神经元传递信息过程

　　感知机模拟的是一个神经元从收到来自其他神经元的信息刺激，到判断该信息是否达到阈值、自身是否需要接受该信息而被激活的过程。在某一时刻，作用在一个神经元上的信息可能不止一个，这些信息抽象成感知机模型中输入信息的各个分量。为判别自身是否需要被激活，神经元会对所收到的信息进行合成。这个过程被抽象为感知机模型中的线性运算。而判断合成信息是否达到阈值的过程被抽象为感知机模型中的激活函数。因此，感知机的功能是：收到各路输入信息后，决定这些信息是否需要被接受、自身是否需要被激活。

　　如图 2.2 所示，感知机的基本模型包含两个主要模块：输入信息处理模块和合成信息判断模块。

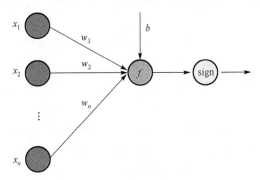

图 2.2　感知机基本模型

　　在输入信息处理模块中，包括输入、线性变换和输出三个子模块。在输入子模块中，接收的输入数据为 $x = [x_1, x_2, \cdots, x_n]^\top$，其中，$n$ 为输入子模块的节点数，也是感知机在同一时刻接收到的信息个数，输入子模块将输入数据 x 传向线性变换子模块。在线性变换子模块中，为输入数据 x 的每一个分量 x_i 分配一个参数 w_i，$i = 1, \cdots, n$，参数向量记为 $w = [w_1, w_2, \cdots, w_n]^\top$，同时加入偏置参数 b，利用一次线性变换对输入数据 x 进行运算，见式 (2.1)。进而，将线性变换子模块的运算结 $f(x)$ 传入输出子模块中，由输出子模块传向合成信息判断模块。

$$f(x) = w^\top x + b = \sum_{i=1}^{n} w_i x_i + b \tag{2.1}$$

　　合成信息判断模块同样包含三个子模块，分别为输入子模块、判断子模块和输出子模块。输入子模块接收由输入信息处理模块传来的运算结果 $f(x)$，并将其传向判断子模块。判断子模块利用激活函数对 $f(x)$ 进行激活判断，当 $f(x)$ 值达到一定阈值时，反馈激活信号，当 $f(x)$ 未达到阈值时，反馈非激活信号。以常用的激活函数——符号函数（见式 (2.2)）为例，判断子模块的运算规则（见式 (2.3)），当 $f(x) \geqslant 0$ 时，运算结果为 1，否则，运算结果为 –1，判断子模块将该运算结果传向输出子模块，最终由输出子模块传出感知机模型。

$$sign(k) = \begin{cases} 1, & \text{if } k \geq 0 \\ -1, & \text{if } k < 0 \end{cases} \qquad (2.2)$$

$$sign(f(\boldsymbol{x})) = \begin{cases} 1, & \text{if } f(\boldsymbol{x}) \geq 0 \\ -1, & \text{if } f(\boldsymbol{x}) < 0 \end{cases} \qquad (2.3)$$

所以，当输入数据为 $\boldsymbol{x} = [x_1, x_2, \cdots, x_n]^\top$ 且激活函数为符号函数时，感知机的表达式如式(2.4)所示：

$$perteptron\_func(\boldsymbol{x}) = sign(\boldsymbol{w}^\top \boldsymbol{x} + b) = sign\left(\sum_{i=1}^{n} w_i x_i + b\right) \qquad (2.4)$$

由式(2.4)可见，对于一个样本，无论输入信息为何种形式、信息量有多少，感知机的输出都是 1 或–1，这意味着感知机的作用是对输入样本进行二分类。在早期的应用中，感知机通常被当成二分类器作用于仅包含两类样本的数据集上，但由于感知机是线性分类器，所以并非对所有仅包含两类样本的数据集均适用——它要求数据集中的所有样本均能被线性划分，即要求数据集是线性可分的。如图 2.3 所示，(a)中的数据集线性可分，可用感知机进行分类；(b)中虽然仅包含两类样本，但感知机并不适用，因为将两类样本分隔开的不是直线而是曲线。

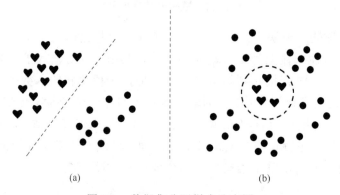

图 2.3　数据集分隔样本分布图

如果将样本数据集映射到 n 维空间中，感知机的角色就是空间中将两类不同样本分隔开的超平面，该超平面方程为 $\boldsymbol{w}^\top \boldsymbol{x} + b = 0$，而感知机的权重参数 $\boldsymbol{w}$ 是该超平面的法向量，偏置参数 b 是该超平面的截距。当样本数据映射在二维空间中时，超平面是一条直线，当样本数据映射在多维空间中时，超平面是空间中的面。

这里我们给出涉及的数据集线性可分、超平面、截距、法向量等几个术语的形式化定义：

定义 2.1 线性可分数据集

给定仅包含两类数据样本的数据集 $D = \{(\boldsymbol{x}_1, y_1), (\boldsymbol{x}_2, y_2), \cdots, (\boldsymbol{x}_m, y_m)\}$，其中 $\boldsymbol{x}_i \in \mathbb{X}, \mathbb{X} \subseteq \mathbb{R}^n, y_i \in \{+1, -1\}, i = 1, \cdots, m$。$n$ 为一个样本的输入特征个数，或者说输入特征向量的维度，m 为数据集中样本的总数，$\boldsymbol{x}_i$ 是样本 i 的输入特征向量，y_i 是样本 i 的类别标签。假设该数据集中的样本满足线性可分，且将两类样本数据分隔开的超平面方程为 $\boldsymbol{w}^\top \boldsymbol{x} + b = 0$，那么，对于该数据集中的任意一个样本 $(\boldsymbol{x}_i, y_i) \in D$，若 $y_i = -1$，则 $\boldsymbol{w}^\top \boldsymbol{x}_i + b < 0$；若 $y_i = 1$，则 $\boldsymbol{w}^\top \boldsymbol{x}_i + b > 0$，此数据集即为线性可分数据集。

定义 2.2 超平面

超平面是指某个空间中比该空间维度低一维的子空间。例如，n 维空间的超平面维度为 $(n-1)$ 维。

定义 2.3 截距

在坐标系中，平面在某一坐标轴上的截距是指平面与该坐标轴交点的坐标。

定义 2.4 法向量

空间中某一平面的法向量是指垂直于该平面的直线所表示的向量，由于垂直于该平面的直线有无数条，因此，该平面的法向量有无数个。

2.1.1.2 学习目标

上一小节已导出感知机预测样本类别的数学表达式(式(2.4))，但仅有数学表示式、没有学习策略，将无法实现二分类器的功能。不妨假设本节讨论的数据集为线性可分数据集。感知机在空间中表示为超平面，而唯一确定一个平面的指标有两个，即平面的法向量和截距。这就揭示了感知机学习算法的实质：通过样本数据集不断训练和调整超平面的法向量和截距，使得该平面能将数据集中的所有样本正确分隔。

假设初始时刻该超平面的表达式为 $\boldsymbol{w}_0^\top \boldsymbol{x} + b_0 = 0$，由空间几何知识可知，该平面的一个法向量为权值向量 $\boldsymbol{w}_0$，截距为 b_0。在寻找符合条件的 $\boldsymbol{w}$ 和 b 前，需要制定一个标准，即"什么样的情况下需要更新参数 $\boldsymbol{w}$ 和 b，如何更新参数？"参数的更新与学习目的息息相关，当存在样本被误分类时，参数便需要更新，且更新后的参数能够保证超平面向被误分类的样本点移动，直至越过该样本点完成纠错。也就是说，参数学习过程中，影响参数更新的仅仅是被错误分类的样本，只需保证错误的样本能被正确划分，而无需保证正确的样本被更正确地划分。在此前提下，仅参照被错误划分的样本对参数进行调整，一旦找到一组 $\boldsymbol{w}$ 和 b 可以将所有样本正确分隔，立即停止学习。

　　最直接的，可以将被误分类的样本个数作为参数更新的标准，以超平面为中心，更新参数使得超平面向误分类样本点个数多的方向移动或倾斜。但误分类样本的个数并不是一个很好的标准。图 2.4 给出了一个示例，图中以黑色直线为界，左上方被误分类的样本数量远多于右下方被误分类的样本数量，但超平面完成左上方样本的纠错过程(图 2.4(a))显然比完成右下方的纠错过程(图 2.4(b))需要移动的距离小，倾斜角度小。此外，误分类样本的数量很难与参数 w 和 b 建立直接的联系，因此，需要另外订立一个更合理、更易操作的参数更新标准。

　　除了将误分类的样本个数作为更新标准之外，能够描述误差的另一个指标是被误分类的样本点到超平面的距离，该距离越小表明误差越小，纠错所需的代价越小。且样本点到超平面的距离计算(见式(2.5))可以直接与参数 w 和 b 建立联系，便于定量更新参数。因此，感知机的参数更新标准最终定为：最小化所有误分类样本点到超平面的距离和，此距离和常被称为损失函数，见式(2.6)。其中 M 为所有误分类样本点的输入特征集合，$\|w\|$ 为权值向量 w 的 L2 范数。

$$d_i = \frac{\left| w^\top x_i + b \right|}{\| w \|} \tag{2.5}$$

$$L(w,b) = \sum_{x_i \in M} \frac{\left| w^\top x_i + b \right|}{\| w \|} \tag{2.6}$$

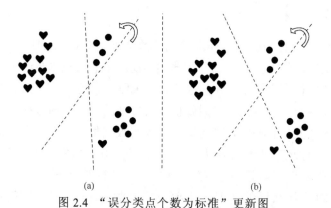

(a)　　　　　　　　　　(b)

图 2.4 "误分类点个数为标准" 更新图

　　在学习过程中，只需最小化损失函数即可。由于在空间中，向量的模并不影响其特征表达，因此为了简化计算，权值向量 w 可采用同方向上模为 1 的单位向量(即 $\|w\|=1$)，最终感知机参数更新的可表达为式(2.7)所示的最小化问题。

$$\min_{(w,b)}(L(w,b)) = \min_{(w,b)}\left(\sum_{x_i \in M} \left| w^\top x_i + b \right| \right) = -\min_{(w,b)}\left(\sum_{x_i \in M} y_i (w^\top x_i + b) \right) \tag{2.7}$$

2.1.1.3　训练算法

为了极小化损失函数,需要在数据集上采用常用的梯度下降(Gradient Descent)方法对参数 w 和 b 进行更新,其核心思想为:当训练过程中发现样本 $x_i \in M$ 为被误分类的样本时,首先求损失函数分别关于参数 w 和 b 的偏导,见后面式(2.8)和式(2.9);然后利用所得偏导函数对两个参数进行更新。由于 M 中数据量大时,利用所有被误分类的样本点更新参数 w 和 b 运算量过大。因此,实际训练过程中,每次从被误分类的样本点中选择一个样本进行参数更新,相应的参数更新表达式见式(2.10)和式(2.11)。其中,α 为学习率,也称为步长,用于调整参数更新速率,防止震荡。当数据集中所有样本均被正确分类,则停止学习。

$$\nabla_w L(w,b) = -\sum_{(x_i \in M)} y_i x_i \tag{2.8}$$

$$\nabla_b L(w,b) = -\sum_{(x_i \in M)} y_i \tag{2.9}$$

$$b \leftarrow b + \alpha y_i \tag{2.10}$$

$$w \leftarrow w + \alpha y_i x_i \tag{2.11}$$

感知机训练的伪代码如下:

数据集为 $D = \{(x_1,y_1),(x_2,y_2),\cdots,(x_m,y_m)\}$,其中 $x_i \in \mathbb{X}, \mathbb{X} \subseteq \mathbb{R}^n, y_i \in \{+1,-1\}, i = 1,\cdots,m$,$n$ 为各样本的输入维数,m 为数据集中样本的总个数,x_i 是样本 i 的输入特征向量,y_i 是样本 i 的类别标签。设置参数 w 和 b 的初始值为 w_0 和 b_0,M_0 为当前参数设置条件下所有被误分类的样本集合。针对数据集 D 执行操作如下:

(1)从被误分类的样本集合 M 中随机选择一个样本点 x_i,其对应的类别标签为 y_i,$(x_i,y_i) \in D$。

(2)若 $w^\top x_i + b > 0$ 且 $y_i = -1$,或 $w^\top x_i + b < 0$ 且 $y_i = 1$,则依据式(2.10)和式(2.11)调整参数 w 和 b,同时更新错分样本集合 M。

(3)跳转至 1 执行相应操作,直至不存在被误分类的样本点。

2.1.1.4　不足之处

从上面内容可知,经过一定轮次训练后的简单感知机已经可以实现线性可分数据集的分类,然而现实生活中,满足线性关系的情况相对非线性关系而言,少之又少。图 2.5 给出了一个示例,尽管其中只包含四个样本、两个类别,十分简单,但很难找到一条直线将两类样本完美分开,而能够将二者轻易划分的曲线却有无数条。又如图 2.3(b),能够将两类样本分隔开的是与图中所示圆形曲线同心

图 2.5　线性不可分样本图

的圆，而简单的感知机面对这种问题时却无能为力。同时，二分类问题也只是现实世界中万千问题的冰山一角，多分类问题、回归问题仍然亟待解决。研发技术是为了解决现实世界中真实存在的问题，这就促使人们对简单感知机进行改进、创新，使其具备处理复杂任务的能力。

2.1.2　多层感知机

正如人体中单神经元作用有限，需要多元、多层神经元协作共同完成复杂的生理活动信号传递一样，为解决单神经元感知机无法解决的问题，人们开始大胆探索构建多神经元模型。有人提出将神经元做多层叠加，通过增加每层神经元的个数和总层数来提升模型复杂度，以解决复杂任务。但由于对线性运算进行若干次叠加线性运算后仍为线性变换，所以单纯增加神经元个数和模型层数无法获得非线性拟合能力。于是，研究人员又提出，在每个神经元的运算过程中，将非线性激活函数和线性运算搭配使用。这种情况下，随着模型结构的复杂性不断增大，神经元节点和运算层级不断增多，模型的非线性拟合能力也将逐步增强。

在这种思想的启发下，多层感知机应运而生，本小节接下来将先后介绍其模型结构、学习目标和训练算法。

2.1.2.1　模型结构

多层感知机概念中，所谓"多层"是指在输入层与输出层神经元节点之间存在一个或多个隐藏层，每个隐藏层均包含若干神经元，每个神经元进行线性运算和激活运算两种操作。这里的"隐藏"是指无论从输入端抑或是从输出端观察网络模型，均无法"看见"网络的内部层，外界与网络的交互仅存在于输入、输出两层，所以输入、输出层之外的网络内部层均称为"隐藏层"。

图 2.6 描绘了单神经元组合为多层感知机的演变过程，图中左侧为单个神经元，该神经元接收 n 个外部输入特征，对其依次进行线性运算和激活运算，得到的结果对外输出；右侧为多层感知机的结构图，可以看到多层感知机由输入层、隐藏层、输出层三个模块构成，其中，隐藏层的每个节点均由左侧子图的神经元构成。在这样的结构下，我们进一步定义多层感知机各节点的运算和各层之间的运算关系。

以图 2.7 为例，定义多层感知机上的相关运算，图中的多层感知机模型包含输入层、隐藏层、输出层三个子模块。其中，输入层接收 n 维输入向量 $\boldsymbol{x}=[x_1,x_2,\cdots,x_n]^{\top}$，$\boldsymbol{x}\in\mathbb{R}^n$。输出层向外界输出 m 维向量 $\boldsymbol{y}=[y_1,y_2,\cdots,y_m]^{\top}$，$\boldsymbol{y}\in\mathbb{R}^m$。

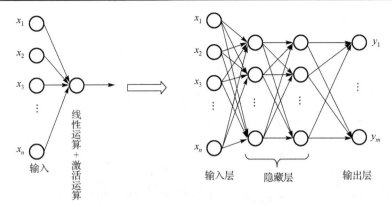

图 2.6　单神经元组合为多层感知机演变图

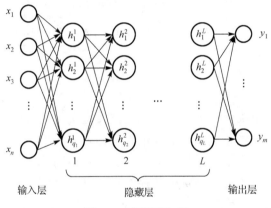

图 2.7　多层感知机

隐藏层子模块中共包含 L 个隐藏层，第 $l(l=1,\cdots,L)$ 个隐藏层包含 q_l 个神经元。为了统一符号标记，我们将输入层和输出层分别记为第 0 层和第 $L+1$ 层，显然 $q_0=n$、$q_{L+1}=m$，设 $\psi^l(\cdot)$ 为第 l 层的激活函数。于是，对于第 1 个隐藏层的任一神经元节点 $j(=1,\cdots,q_1)$，其对应的运算可以表示为式 (2.12)，其中 $\boldsymbol{w}_j^1\in\mathbb{R}^n,w_{j,k}^1$，$b_j^1\in\mathbb{R}^1,k=1,\cdots,q_0$。

$$h_j^1=\psi^1(f(\boldsymbol{x}))=\psi^1(\boldsymbol{w}_j^{1\top}\boldsymbol{x}+b_j^1)=\psi^1\left(\sum_{k=1}^{q_0}w_{j,k}^1x_k+b_j^1\right) \tag{2.12}$$

对于其余第 i 隐藏层的任一神经元节点 j，其对应的运算可以表示为式 (2.13)，输入为 $\boldsymbol{h}^{i-1}=[h_1^{i-1},\cdots,h_{q_{i-1}}^{i-1}]^\top$，权重为 $\boldsymbol{w}_j^i\in\mathbb{R}^{q_{i-1}}$，且 $w_{j,k}^i,b_j^i\in\mathbb{R}^1$，$b_j^i$ 为偏置分量，$k=1,\cdots,q_{i-1}$。

$$h_j^i=\psi^i(f(\boldsymbol{h}^{i-1}))=\psi^i(\boldsymbol{w}_j^{i\top}\boldsymbol{h}^{i-1}+b_j^i)=\psi^i\left(\sum_{k=1}^{q_{i-1}}w_{j,k}^ih_k^{i-1}+b_j^i\right) \tag{2.13}$$

记第 i 个隐藏层运算结果向量为 $\boldsymbol{h}^i = [h_1^i, \cdots, h_{q_i}^i]^\top$，则隐藏层的运算可以统一表示为式 (2.14)，这里，$\boldsymbol{h}^0 = \boldsymbol{x}, \mathbb{W}^i \in \mathbb{R}^{q_{i-1} \times q_i}, \boldsymbol{b}^i \in \mathbb{R}^{q_i}$。

$$h^i = \psi^i(f(\boldsymbol{h}^{i-1})) = \psi^i(\mathbb{W}^{i\top}\boldsymbol{h}^{i-1} + \boldsymbol{b}^i) \tag{2.14}$$

最终，多层感知机模型的一般数学表达可以表示为下面式 (2.15)：

$$
\begin{aligned}
\text{multi\_perceptron\_func}(\boldsymbol{x}) &= \boldsymbol{y} \\
&= \boldsymbol{h}^{L+1} \\
&= \psi^{L+1}(f(\boldsymbol{h}^L)) \\
&= \psi^{L+1}(f(\psi^L(f(\boldsymbol{h}^{L-1})))) \\
&\cdots \\
&= \psi^{L+1}(f(\psi^L(f(\cdots(\psi^1(f(\boldsymbol{x}))\cdots)))))
\end{aligned}
\tag{2.15}
$$

其中，输出层各节点表示为 $y_j = h_j^{L+1}, j = 1, \cdots, q_{L+1}$，输出向量可以表示为 $\boldsymbol{y} = [y_1, \cdots, y_{q_{L+1}}]^\top$，$q_{L+1} = m$。

2.1.2.2　学习目标

与单神经元感知机类似，多层感知机也需要定义优化目标作为衡量模型拟合效果的标准。一般的，模型预测值与真实值之间的差异越小，在高维空间中的分布越相似，认为该模型的拟合能力越好。因此，优化目标函数通常衡量的便是模型预测值与真实标签值之间的差异，而优化的最终目标则是尽可能缩小二者之间的差异。设本小节使用的数据集为 $\mathbb{S} = \{(\boldsymbol{x}_1, \hat{\boldsymbol{y}}_1), \cdots, (\boldsymbol{x}_N, \hat{\boldsymbol{y}}_N)\}$，共包含 N 个样本，任意样本 $(\boldsymbol{x}_i, \hat{\boldsymbol{y}}_i) \in \mathbb{S}, i = 1, \cdots, N$，$\boldsymbol{x}_i \in \mathbb{R}^n$，$\hat{\boldsymbol{y}}_i \in \mathbb{R}^m$，其中 n 与 m 分别为样本特征和标签的维度。

本小节中我们采用常用的损失函数——"均方误差函数"作为优化目标，实现多层感知机在数据集 $\mathbb{S} = \{(\boldsymbol{x}_1, \hat{\boldsymbol{y}}_1), \cdots, (\boldsymbol{x}_N, \hat{\boldsymbol{y}}_N)\}$ 上的优化训练。

根据上小节的模型定义可知，当输入数据为 $\boldsymbol{x}_i$，对应的标签向量为 $\hat{\boldsymbol{y}}_i, (\boldsymbol{x}_i, \hat{\boldsymbol{y}}_i) \in \mathbb{S}$，根据式 (2.15) 可以计算出模型对该样本的预测结果 $\boldsymbol{y}_i = \text{multi\_perteptron\_func}(\boldsymbol{x}_i)$。于是，模型在预测该样本时的误差就可以表示为式 (2.16)，相应的损失可以定义为式 (2.17)，其中引入系数 1/2 是为了方便后面求导后约掉常数系数。

$$e_i = |\hat{\boldsymbol{y}}_i - \boldsymbol{y}_i| = \sum_{j=1}^m |\hat{y}_{i,j} - y_{i,j}| \tag{2.16}$$

$$l_i = \frac{1}{2}e_i^2 = \frac{1}{2}\sum_{j=1}^m |\hat{y}_{i,j} - y_{i,j}|^2 \tag{2.17}$$

根据均方误差函数的定义，模型在整个数据集上的均方误差损失函数可以表示为式 (2.18)：

$$L(\boldsymbol{w},\boldsymbol{b}) = \frac{1}{N}\sum_{i=1}^{N}l_i = \frac{1}{2N}\sum_{i=1}^{N}e_i^2 = \frac{1}{2N}\sum_{i=1}^{N}\sum_{j=1}^{m}\left|\hat{y}_{i,j} - y_{i,j}\right|^2 \tag{2.18}$$

因此，多层感知机的学习目标就可以表示为：

$$\min_{\boldsymbol{w},\boldsymbol{b}}(L(\boldsymbol{w},\boldsymbol{b})) = \min_{\boldsymbol{w},\boldsymbol{b}}\left(\frac{1}{2N}\sum_{i=1}^{N}\sum_{j=1}^{m}\left|\hat{y}_{i,j} - y_{i,j}\right|^2\right) \tag{2.19}$$

在实际应用中，由于均方误差每轮更新需要计算模型对数据集中所有样本的预测损失，当数据集规模较大时，计算总损失将会非常耗时。同时，模型使用梯度下降法进行参数学习和更新时，参数的更新方向与参数初值设置有很大关系，采用均方误差作为优化目标函数很容易使模型陷入局部最优。为了克服这些问题，通常会选择在线学习方式，即每轮参数更新时，仅从数据集中随机选择一个样本进行预测，并根据预测结果对模型参数进行相应更新。这种参数更新方式具有较大随机性，模型参数每次更新的方向不确定，避免了均方误差目标函数优化过程中每轮更新均朝向同一方向（全局或局部最优方向）的问题。在线学习的模型损失可以表示为式（2.20），优化目标函数可以表示为式（2.21）：

$$L(\boldsymbol{w},\boldsymbol{b}) = \frac{1}{2}\sum_{j=1}^{m}\left|\hat{y}_j - y_j\right|^2 \tag{2.20}$$

$$\min_{\boldsymbol{w},\boldsymbol{b}}(L(\boldsymbol{w},\boldsymbol{b})) = \min_{\boldsymbol{w},\boldsymbol{b}}\frac{1}{2}\sum_{j=1}^{m}\left|\hat{y}_j - y_j\right|^2 \tag{2.21}$$

2.1.2.3　训练算法

为了使式（2.21）（或式（2.19））定义的目标函数达到最优，需要采用一定的优化策略，这里我们以梯度下降法为例，介绍多层感知机的优化训练过程。该方法的核心思想是，令参数沿着其梯度方向进行更新，以这种方式的更新速率最快，就好比由山顶下山时，选择坡度最陡的地方下山速度最快一样。对于单神经元感知机来说，只涉及单个神经元的求导，运算相对简单，但对于涉及多隐藏层、多神经元运算的多层感知机来说，求导复杂度呈指数级上升。这个棘手的问题曾几乎使深度神经网络的发展陷入停滞，直到反向传播理论的提出才重新迎来了曙光。

反向传播的核心思想是，在每轮参数更新时，将模型的损失分摊给所有神经元来共同承担，每个神经元承担的损失份额取决于该神经元的权值参数。因此，在计算模型预测值时权值较大、贡献较大的神经元，在反向传播时所承担的损失份额也将更大。在这种思想的指引下，将损失函数对各层神经元的参数进行逐层求导，并逐层更新参数，直至模型的预测值满足误差要求。

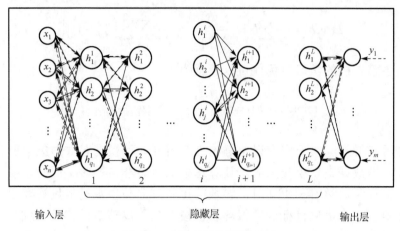

图 2.8　多层感知机误差传递

图 2.8 为多层感知机误差传递示意图，以第 i 隐藏层的神经元 j 为例，对神经元上的参数更新方法展开介绍，图中虚线箭头描绘出了误差信号的传递路径。假设我们采用式(2.21)所示的目标函数，随机选择的训练样本为 $(\boldsymbol{x}_p, \hat{\boldsymbol{y}}_p) \in \mathbb{S}$。首先需要根据输入对该样本的输出进行预测，根据式(2.15)计算出多层感知机模型的预测结果 $\boldsymbol{y}_p = \text{multi\_perceptron\_func}(\boldsymbol{x}_p)$，然后利用式(2.20)计算模型在本轮中的预测损失 l_p，完成模型的前向传播计算。该神经元的运算为 $h_j^i = \psi^i(f(\boldsymbol{h}^{i-1})) = \psi^i(\boldsymbol{w}_j^{i\top}\boldsymbol{h}^{i-1} + b_j^i)$，该神经元节点涉及的参数包括 $\boldsymbol{w}_j^i$ 和 b_j^i。根据反向传播的原理可知，要想实现参数 $\boldsymbol{w}_j^i$ 和 b_j^i 的更新，需要计算模型损失函数对两参数的偏导数，模型对参数 $\boldsymbol{w}_j^i$ 和 b_j^i 求偏导数可以分别表示为式(2.22)和式(2.23)。

$$
\begin{aligned}
\frac{\partial L(\boldsymbol{w}, \boldsymbol{b})}{\partial \boldsymbol{w}_j^i} &= \frac{\partial L(\boldsymbol{w}, \boldsymbol{b})}{\partial \boldsymbol{y}} \times \frac{\partial \boldsymbol{y}}{\partial \boldsymbol{h}^{L+1}} \times \frac{\partial \boldsymbol{h}^{L+1}}{\partial \boldsymbol{h}^L} \times \cdots \times \frac{\partial \boldsymbol{h}^{i+1}}{\partial \boldsymbol{h}_j^i} \times \frac{\partial \boldsymbol{h}_j^i}{\partial \boldsymbol{w}_j^i} \\
&= \left[\frac{1}{2} \times 2 \times (\hat{\boldsymbol{y}} - \boldsymbol{y}) \times (-1)\right] \times 1 \times [\psi^{L'}(\mathbb{W}^L \boldsymbol{h}^{L-1} + \boldsymbol{b}^L) \times \mathbb{W}^L] \\
&\quad \times \cdots \times [\psi^{i+1}(\mathbb{W}^{i+1} h_j^i + \boldsymbol{b}^{i+1})] \times [\psi^{i'}(\boldsymbol{w}_j^i \boldsymbol{h}^{i-1} + b_j^i) \times \boldsymbol{h}^{i-1}]
\end{aligned}
\tag{2.22}
$$

$$
\begin{aligned}
\frac{\partial L(\boldsymbol{w}, \boldsymbol{b})}{\partial b_j^i} &= \frac{\partial L(\boldsymbol{w}, \boldsymbol{b})}{\partial \boldsymbol{y}} \times \frac{\partial \boldsymbol{y}}{\partial \boldsymbol{h}^{L+1}} \times \frac{\partial \boldsymbol{h}^{L+1}}{\partial \boldsymbol{h}^L} \times \cdots \times \frac{\partial \boldsymbol{h}^{i+1}}{\partial \boldsymbol{h}_j^i} \times \frac{\partial \boldsymbol{h}_j^i}{\partial b_j^i} \\
&= \left[\frac{1}{2} \times 2 \times (\hat{\boldsymbol{y}} - \boldsymbol{y}) \times (-1)\right] \times 1 \times [\psi^L(\mathbb{W}^L \boldsymbol{h}^{L-1} + \boldsymbol{b}^L) \times \mathbb{W}^L] \\
&\quad \times \cdots \times [\psi^{i+1}(\mathbb{W}^{i+1} h_j^i + \boldsymbol{b}^{i+1})] \times [\psi^{i'}(\boldsymbol{w}_j^i \boldsymbol{h}^{i-1} + b_j^i)]
\end{aligned}
\tag{2.23}
$$

得到关于 $\boldsymbol{w}_j^i$ 和 b_j^i 两参数的偏导函数后，假设模型更新的学习率为 α，则本轮两参数更新的数学表达式可表示为式(2.24)和式(2.25)，将样本 $(\boldsymbol{x}_p, \hat{\boldsymbol{y}}_p)$ 的预测值和损失代入其中便可实现两参数的更新。类似的，模型中任意神经元的参数均可以采用同样的方法进行更新，当模型中各神经元的参数按照由输出至输入的方向逐层更新完毕，本轮参数更新结束。

$$w_j^i \leftarrow w_j^i - \alpha \times \frac{\partial L(\boldsymbol{w}, \boldsymbol{b})}{\partial w_j^i} \tag{2.24}$$

$$b_j^i \leftarrow b_j^i - \alpha \times \frac{\partial L(\boldsymbol{w}, \boldsymbol{b})}{\partial b_j^i} \tag{2.25}$$

多层感知机训练的伪代码如下：

数据集为 $\mathbb{S} = \{(\boldsymbol{x}_1, \hat{\boldsymbol{y}}_1), \cdots, (\boldsymbol{x}_N, \hat{\boldsymbol{y}}_N)\}$，其中 $\boldsymbol{x}_i \in \mathbb{R}^n$，$\hat{\boldsymbol{y}}_i \in \mathbb{R}^m, i = 1, \cdots, N$，$n$ 为各样本的输入特征个数，m 为样本标签向量的维度，N 为数据集中的样本总数，$\boldsymbol{x}_i$ 是样本 i 的输入特征向量，$\hat{\boldsymbol{y}}_i$ 是样本 i 的输出标签向量的真值。我们将多层感知机模型中的权值参数和偏置参数分别记为 $\boldsymbol{w}$ 和 $\boldsymbol{b}$，设置参数 $\boldsymbol{w}$ 和 $\boldsymbol{b}$ 的初始值为 $\boldsymbol{w}_0$ 和 $\boldsymbol{b}_0$。针对数据集 $\mathbb{S}$ 执行操作如下：

(1) 从数据集 $\mathbb{S}$ 中随机选择一个样本 $(\boldsymbol{x}_p, \hat{\boldsymbol{y}}_p)$，利用多层感知机模型式 (2.15) 对其进行预测，并依据式 (2.20) 计算模型在该样本上的损失。

(2) 当损失值达到预期时，结束训练，否则，依据式 (2.24) 和式 (2.25) 调整参数 $\boldsymbol{w}$ 和 $\boldsymbol{b}$ (中的各分量)。

2.1.3　分析总结

本节介绍了多层感知机模型的一般结构，训练的目标函数和参数更新方法。在介绍当中，我们将激活函数统一表示为 $\psi^*(\cdot)$，在实际应用中，激活函数需要根据所针对任务的特点来选定。一般的，激活函数需要具备四个主要的特征：

(1) 非线性，引入激活函数的主要目的是为神经网络模型引入非线性成分，若激活函数不具备非线性拟合能力，将会失去价值；

(2) 可微性，激活函数的可微性 (或分段可微性) 有助于利用梯度下降理论来完成网络的训练；

(3) 单调性，激活函数的单调性可以保证该层网络是凸的，保证任务的可优化性；

(4) $f(x) \cong x$，当激活函数满足这个性质时，如果参数初值较小，神经网络的训练将会非常高效，若不满足此性质，参数初值就需要谨慎选取，后面表 2.1 中列出了一些常用激活函数，供读者学习参考。

损失函数是衡量模型预测值与样本真实标签值之间差异的函数，不同的模型和任务往往需要选择不同的损失函数。前面的介绍中我们选择了均方误差函数作为损失函数，事实上，损失函数的种类非常丰富，后面表 2.2 中列举了一些常用的损失函数及其特性，供读者学习参考。

多层感知机模型的训练过程实质是，以损失函数作为目标函数，在给定数据集上实现的最优化问题。前面的介绍中采用了最简单的优化方法——"梯度下降算法"来实现损失函数的最小化，该算法的效率和优化效果很大程度上取决于更新一次所需处理的数据量大小，根据这个原则可以将梯度下降算法分为批量梯度下降（Batch Gradient Descent，BGD）、随机梯度下降（Stochastic Gradient Descent，SGD）和小批量梯度下降（Mini-Batch Gradient Descent，MBGD）。BGD 优化算法每轮更新将数据集中所有样本纳入考虑，尽管可以保证每次更新都在朝着最优的方向进行，但是当样本数量非常庞大时，这样的优化将会非常耗时，很难满足实际应用需要。SGD 优化算法每轮仅从数据集中随机选择一个样本来实现模型参数更新，虽然提升了更新效率，但并不能保证每次一定在朝最优的方向更新，出现震荡更新的概率非常大。为了平衡以上两种方法的缺陷，同时兼顾效率和更新效果，MBGD 每次从数据集中选择一小批样本来实现模型参数更新。相比 BGD 和 SGD 来说，MBGD 已经有了一定的改善，但仍然对学习率的设置提出了极大挑战——学习率过小容易导致收敛过慢，而学习率设置过大则容易在鞍点或局部最优点震荡——这就对学习率的自适应性提出了要求。后来提出的基于动量的系列方法证实了学习率自适应的重要性，各方法的实现细节在此不一一展开，仅以表 2.3 来对各优化算法加以简要对比。

由多层感知机模型结构图（图 2.7）可以看出，多层感知机各层均是全连接的，即上一层的所有节点与下一层的每个节点均有边连接。多层感知机属于前馈神经网络，所谓"前馈"指数据由输入层进入模型，按照模型的结构关系，逐层传递，最终由输出层传出，整个模型结构中不存在环路，没有反馈机制，即数据流按照一个方向一路向前，没有回流。与此相对的，模型结构中存在反馈环的神经网络称为"反馈神经网络"，常见的递归网络便是反馈神经网络的一种。反馈神经网络中存在某些神经元的输出反馈至其他层神经元输入的结构，这种结构的出现，可以保证整个网络结构进行更有效、更智能的协调。

理论上，随着多层感知机网络层数和神经元节点个数的增加，模型对复杂问题的拟合能力越来越强。但事实上，拟合能力增强的同时，复杂、深层的网络结构也对反向传播提出了更大挑战，这些挑战主要分为两个方面：

其一，模型结构的复杂化也伴随着参数规模的增大，以增大参数规模为代价带来模型性能的提升，并不总是可取的。

其二，随着网络模型层数的增多，对损失信号反向传播提出了挑战。无数的实验证明，在反向传播过程中随着传播的深入，损失信号会呈指数级衰减或增长，导致梯度消失或梯度爆炸问题。

表 2.1　常用激活函数对比

常用激活函数			
函数名	函数表达式	优点	缺点
sigmoid 函数	$f(x)=\dfrac{1}{1+e^{-x}}$	能将 $(-\infty,+\infty)$ 之间任意的实数输入转化至 $(0,1)$ 区间内，曲线平滑便于求导	(1)在深度神经网络的训练中，反向传播环节容易出现梯度消失； (2)函数的输出均值不是 0，即非 zero-centered，这会导致当 $x>0$ 时，反向传播过程中，偏导函数的值恒为正，模型在朝着同一个方向优化，不利于收敛，$x\leqslant0$ 亦然； (3)函数表达式中包含幂运算，计算复杂度高
tanh 函数	$\tanh(x)=\dfrac{e^x-e^{-x}}{e^x+e^{-x}}$	(1)解决了非 zero-centered 问题，可以将 $(-\infty,+\infty)$ 之间的数据压缩到 $(-1,+1)$ 之间； (2)完全可微，关于原点中心对称	(1)存在梯度消失； (2)函数表达式中包含幂运算，计算复杂度高
ReLU（Rectified Linear Unit）函数	$\text{ReLU}(x)=\begin{cases}0, & \text{if } x<0\\ x, & \text{if } x\geqslant0\end{cases}$	(1)解决了梯度消失问题； (2)线性运算，计算效率高； (3)收敛速度快	(1)非 zero-centered； (2)某些神经元可能永远不会被激活，导致相应的参数永远不会被更新
Leaky ReLU 函数	$\text{Leaky\_ReLU}(x)=\begin{cases}\alpha x, & \text{if } x<0\\ x, & \text{if } x\geqslant0\end{cases}$	(1)解决了 ReLU 函数使用过程中某些神经元不被激活的缺陷； (2)计算效率高； (3)收敛迅速； (4)避免了梯度消失问题	(1)非 zero-centered； (2)需要先验知识确定 α 值
Parametric_ReLU 函数	$\text{Parametric\_ReLU}(x)=\begin{cases}\theta x, & \text{if } x<0\\ x, & \text{if } x\geqslant0\end{cases}$	(1)克服了 ReLU 函数存在参数可能未被更新的问题； (2)计算效率高； (3)收敛迅速； (4)避免了梯度消失问题； (5)无需人工调参选择 α 值，通过训练学习 θ 值，更科学有效	非 zero-centered
ELU（Exponential Linear，Units）函数	$\text{ELU}(x)=\begin{cases}x, & \text{if } x>0\\ \alpha(e^x-1), & \text{if } x\leqslant0\end{cases}$	(1)克服了 ReLU 函数存在参数可能未被更新的问题，近似 zero-centered； (2)拥有 ReLU 的所有优点	含幂运算，计算量较大
maxout 函数	$\text{maxout}(x)=\max\limits_{j\in[1,k]} z_{ij}$	(1)是 ReLU 及其变形的一般化形式； (2)可以拟合任意凸函数； (3)具备 ReLU 及其变形的所有优点	神经元的个数和参数加倍，优化过程变复杂

表 2.2　常用损失函数对比

常用损失函数		
函数名	函数表达式	特性
均方误差	$MSE = \dfrac{1}{N}\sum_{i=1}^{N}(\hat{y}_i - y_i)^2$	只考虑误差的平均大小，不考虑偏差方向，但经过平方计算误差较大的会比误差较小的惩罚力度更大，且其数学特性优良，梯度计算简单
平均绝对误差	$MAE = \dfrac{1}{N}\sum_{i=1}^{N}\lvert \hat{y}_i - y_i \rvert$	度量预测值与实际标签值差异绝对值的均值，不考虑偏差方向，比 MSE 梯度计算复杂，但对异常值较稳健
平均偏差误差	$MBE = \dfrac{1}{N}\sum_{i=1}^{N}(\hat{y}_i - y_i)$	考虑误差的偏差方向，正负误差可相互抵消，可以确定模型存在正偏差还是负偏差
Hinge Loss	$\begin{aligned} Hinge\_Loss = \\ \sum_{j \neq i}\max(0, s_j - s_i + 1) \end{aligned}$	表示在一定的间隔内，正确类别的分数比所有错误类别的总分数更大，常用于最大间隔分类，该函数不可微，对异常点、噪声不敏感，但是凸函数，健壮性较高
感知损失	$Perceptron\_Loss = \max(0, -y)$	是 Hinge_Loss 的变种，不区分判定边界的距离，相对较简单，但泛化能力差
0-1 损失	$\begin{aligned} one\text{-}zero\_Loss = \\ \begin{cases} 1, & \hat{y}_i \neq y_i \\ 0, & \hat{y}_i = y_i \end{cases} \end{aligned}$	直接对应判断错误的样例个数，但是非凸函数
交叉熵损失	$\begin{aligned} CrossEntropy\_Loss \\ = -(\hat{y}_i \cdot \log(y_i) + (1 - \hat{y}_i) \\ \cdot \log(1 - y_i)) \end{aligned}$	对置信度高但错误的预测值惩罚力度大，误差越大，权值更新越快，误差越小，权值更新越慢
指数损失	$Exp\_Loss = \exp(-\hat{y}_i \cdot y_i)$	对离群点、噪声点特别敏感

　　这两类问题的制约要求我们不能一味地通过增加网络层数来解决复杂问题，必须寻找其他更有突破性的改进。同时，随着深层神经网络的大规模应用，多种多样的任务也对神经网络的改进提出了要求，这也才有了后来的卷积神经网络（Convolutional Neural Network，CNN）、循环神经网络（Recurrent Neural Network，RNN）、强化学习网络（Reinforcement Learning Network，RLN）和生成对抗网络（Generative Adversarial Network，GAN）等网络及其变种网络的提出和发展。

表 2.3　优化算法对比

优化算法		
算法名称	函数表达式	算法特点
Batch Gradient Descent	$W = W - \alpha \nabla_W L(W, x, y)$	计算量大，耗时
Stochastic Gradient Descent	$W = W - \alpha \nabla_W L(W, x_i, y_i)$	更新太过频繁，容易出现震荡

续表

算法名称	函数表达式	算法特点
Mini-Batch Gradient Descent	$W = W - \alpha \nabla_W L(W, x_{t:i+p}, y_{t:i+p})$	一定程度上缓解了 BGD 和 SGD 的缺陷，但仍然无法避免学习率不适应带来的收敛过慢或震荡
Momentum	$W = W - [\gamma v_{t-1} + \alpha \nabla_W L(W)]$	通过引入动量项 γv_{t-1}，保证模型在梯度方向不变时更新速度加快，在梯度发生改变时减慢更新速度，在加快收敛的同时可以减少震荡
Nesterov Accelerated Gradient	$W = W - [\gamma v_{t-1} + \alpha \nabla_W L(W - \gamma v_{t-1})]$	将 $W - \gamma v_{t-1}$ 作为下一时刻的参数，利用下一时刻可能的损失计算梯度，这种方法可以避免参数更新过快
Adaptive Gradient Algorithm（Adagrad）	$W_{t+1} = W_t - \dfrac{\alpha}{\sqrt{G_t + \varepsilon}} g_t,$ $g_t = \nabla_W L(W)$ 其中 G_t 为对角阵，其对角元素为对应参数过去到现在时刻的梯度平方和	该方法避免了手动调节学习率的麻烦，但随着梯度的累积会导致最后梯度过小
Adadelta	$W_{t+1} = W_t - \left[\dfrac{E[\Delta W]_{t-1}}{\sqrt{E[g^2]_t + \varepsilon}} g_t \right],$ $\Delta W = -\dfrac{\alpha}{\sqrt{E[g^2]_t + \varepsilon}} g_t,$ $E[g^2]_t = \gamma E[g^2]_{t-1} + (1-\gamma) g_t^2,$ $g_t = \nabla_W L(W)$	该算法将 Adagrad 分母中的梯度平方和替换为指数衰减，缓和了梯度累积，减缓了学习率急剧下降
RMSprop	$W_{t+1} = W_t - \left[\dfrac{\alpha}{\sqrt{E[g^2]_t + \varepsilon}} g_t \right],$ $E[g^2]_t = \gamma E[g^2]_{t-1} + (1-\gamma) g_t^2,$ $g_t = \nabla_W L(W)$	缓和了梯度累积，减缓了学习率的急剧下降
Adaptive Moment Estimation（Adam）	$W_{t+1} = W_t - \dfrac{\alpha}{\sqrt{\hat{v}_t} + \varepsilon} \hat{m}_t,$ $\hat{v}_t = \dfrac{v_t}{1 - \beta_2^t},$ $\hat{m}_t = \dfrac{m_t}{1 - \beta_1^t},$ $v_t = \beta_2 v_{t-1} + (1-\beta_2) g_t^2,$ $m_t = \beta_1 m_{t-1} + (1-\beta_1) g_t$	该算法除了存储了过去梯度平方 v_t 的指数衰减平均值，同时保存了过去梯度 m_t 的指数衰减平均值，在实现学习率自适应上比 Adadelta 和 RMSprop 效果更好

2.2　表示学习初探

自然语言处理任务中，我们面临的首要问题是如何将输入文本表示成计算机可处理的形式。基本思路是，将连续文本(即文字符号序列)表示为一系列能够表达语义的数值，也即将符号化文本转化为数字化表示——文本向量化。由于向量化的质量将直接影响后续文本处理效果，所以相关研究受到长期持续关注。

实际上，将人类可以直观理解和应用的信息形式(包括文本、音频、图像、视频等)表征为计算机可以处理的数字，是自然语言处理、图像处理、音视频处理等领域的共性基础工作。而且，不同领域数字化表示源数据的原理也基本类似，都是利用一定手段将源数据嵌入到高维空间中，利用空间中嵌入向量的分布特征来表征各种各样的数据特性及各数据特征之间的关系，这个过程通常也称为表示学习。本书主要涉及文本处理，因此仅以文本的表示学习为例来对数据的嵌入表示作简单介绍。

文本向量化过程中，一般将输入文本分割为若干个字或词，将它们作为独立单元进行向量化。其中，以词为单位进行向量化最为普遍，相关方法可分为两类：一类是稀疏表示，另一类是分布式表示。接下来的两小节将对这两类方法进行详细介绍。

2.2.1　文本的稀疏表示

为获取文本的稀疏表示，首先建立一个词典 V，包含 $|V|$ 个不同单词，所有单词按固定顺序排列，且每个词均拥有一个唯一编号。这样，给定文本中的任一单词便可表示为一个 $|V|$ 维布尔向量，向量中与该单词在词典中编号相同的分量置为 1，其余分量均置为 0。由此得到的词向量通常称为独热(One-Hot)词向量。

在独热词向量基础上，衍生了曾经非常有影响力的文本向量化方法——词袋模型(Bag-of-Words)，其核心思想是，将给定文本表示为 $|V|$ 维数值向量，其中的每个分量是词典中对应编号的词在当前文本中的出现频数。由例 2.1 可见，虽然词袋模型已经将文本表示为可以被计算的向量，但仅仅保留了每个词语出现的频率，且向量中每个分量所表示的词语并不是按照文本中词语出现的顺序排列，忽略了词语之间的先后关系。而且，词袋模型在词典中词语数量增多时，存在数据稀疏问题，即对于一个特定文本，可能词典中绝大多数的词都没出现在其中，因而其表示向量中，有很多分量的值为零，这将造成时间和空间上的资源浪费。还有一个无法忽视的缺点是，词袋模型无法结合词的上下文信息，而这些信息与词的语义息息相关，所以词袋模型不能表达词的语义。因此，稀疏表示只能使文本可以被计算机处理，却无法很好地表达文本语义，不利于后续分析处理。

2.2.2 文本的分布式表示

文本的分布式表示方法,不再使用稀疏的独热向量,而是将单个词语直接表示为 n 维空间中的稠密向量(即向量中的零元素个数很少),并将文本表示为由词向量按照词语在文本中的出现顺序而组合成的矩阵。这种表示方法最早由 Hinton 提出[39]。其依据是"分布假说",即上下文相似的词语,其语义也相似。词语在文本中的分布可类比为向量在多维空间中的位置分布,进而可以利用向量在空间中的位置邻近性来反映词语之间的语义相似性,即:如果两个词语的语义较为相关,则其词向量在空间中的距离(例如欧氏距离)就较近,反之则距离较远。

分布式表示不仅实现了文本向量化,同时还将词语的上下文语义嵌入其中,符合语言表达时上下文词语逻辑相关的特点,并且解决了词袋模型在表示文本时的数据稀疏问题。经过多年实践发现,文本的分布式表示方法比稀疏表示更有效,因此现在绝大多数的文本处理任务均采用分布式表示方法。分布式词向量一般是利用神经网络语言模型在大量文本语料上学习得到的,接下来将简单介绍几种有代表性的用于生成分布式词向量的神经网络模型。

2.2.2.1 神经网络语言模型

自然语言处理中,传统统计语言模型的任务是已知若干个词语,预测下一个出现概率最高的词语,使其组成的语句最符合人类自然语言的用法。其中最著名的为 n-gram 模型,该模型假设当前词语的出现只与前面 $n-1$ 个词语有关,模型通过统计语料中连续出现的 n 个词语组成的序列,计算各序列的出现概率。

神经网络语言模型(Neural Network Language Model,NNLM)最早由 Bengio 等人[40]提出,模型结构如图 2.9 所示。其核心思想是,利用前馈神经网络结构直接对 n 元条件概率进行估计。大致的操作是,从语料库中找出一系列长度为 n 的文本序列 $\{t_{i-(n-1)},\cdots,t_i\}$ 组成集合 S,词典 V 中包含了 $|V|$ 个词语,用于分布式表示的词嵌入矩阵中包含 $|V|$ 个词向量,每个词向量有 d 个分量,即文本中的每个词语将会被表示为 d 维向量。那么,对于集合 S,NNLM 的工作就是在输入序列为上下文 $c_i=\{t_{i-(n-1)},\cdots,t_{i-1}\}$ 时,计算下一词语为 t_i 的概率,该模型分为输入层、隐藏层、输出层共三层。

输入层将文本序列 $c_i=\{t_{i-(n-1)},\cdots,t_{i-1}\}$ 中的每个词语用词嵌入矩阵中对应的词向量表示,得到序列 $\{v_{i-(n-1)},\cdots,v_{i-1}\}$,并按序进行拼接得到 t_i 的上下文语义向量 $X_i=[v_{i-(n-1)},\cdots,v_{i-1}]^\top$,此处 $X_i \in \mathbb{R}^{(n-1)\times d}$,然后将 X_i 传入隐藏层。

隐藏层实际上是普通的前馈神经网络,其中包含权重矩阵,将权重矩阵与输入层的输出结果 X_i 相乘,经过激活函数作用后,得到隐藏层的输出。隐藏层的计

算见式 (2.26)，其中，$b_h, H_i \in \mathbb{R}^h, W_h \in \mathbb{R}^{(n-1)d\times h}$，$h$ 是隐藏层的维度。最后，将隐藏层的计算结果 H_i 传入输出层，进行输出层的计算。

$$H_i = \tanh(W_h^\top X_i + b_h) \tag{2.26}$$

输出层的输出向量维度为词典中词语的个数，其利用一次线性变换将隐藏层输出的结果映射到每个节点上，见式 (2.27)，其中 $b_y, y_i \in \mathbb{R}^{|V|}, W_y \in \mathbb{R}^{h\times|V|}$。最终，$y_i$ 的每一个分量 $y_{ik}(k=1,\cdots,|V|)$ 表示词典中第 k 个词语成为预测词 t_i 的可能。为了能够表示概率值，在输出层之后加入归一化处理，采用 softmax 函数将 y_i 的每一个分量转化为对应的概率值，如式 (2.28) 所示。softmax 函数确保了输出层所有词语成为预测词的概率总和为 1，这些词语中概率最大的即为该模型预测的最可能成为 t_i 的词语。求解该预测词的过程即为在集合 S 中最大化 $P(t_i|c_i)$，为了便于求解并降低计算复杂度，使用最大对数似然估计，最终得到 NNLM 模型训练的目标函数为式 (2.29)。

$$y_i = W_y H_i + b_y \tag{2.27}$$

$$P(t_i|c_i) = \frac{\exp(y_i)}{\sum_{k=1}^{|V|}\exp(y_{ik})} \tag{2.28}$$

$$\max\left(\sum_{(c_i,t_i)\in S}\log P(t_i|c_i)\right) \tag{2.29}$$

神经网络语言模型的最终目的是得到一个语言模型，而分布式词向量只是训练语言模型过程中形成的"副产物"。

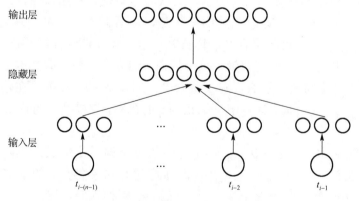

图 2.9　神经网络语言模型结构

2.2.2.2　Word2Vec 模型

经典的神经网络语言模型虽然能求得词语的分布式表示，但却有两个明显不足：一个是其输入层采用的手段是将词向量进行拼接，作为预测词的上下文语义向量参与计算；另一个是包含隐藏层。这两方面的设计导致模型的训练过程过于复杂，计算量巨大。为了克服这些缺陷，Miklov 等[41,42]提出了神经语言模型的改进版本，即 Word2Vec 模型。该模型去除了难以计算的隐藏层，同时提供了两种方法来加速训练过程：一种是采用负采样，另一种是采用哈夫曼树结构。

Word2Vec 模型包含两个子模型：一个为 CBOW (Continuous Bag of Word) 模型，另一个为 Skip-gram 模型。前者在训练过程中，通过上下文词语来预测当前词语的出现概率，而后者相反——通过当前词语预测上下文词语的出现概率。

CBOW 以传统神经网络语言模型 NNLM 为基础，但在输入层将上下文词向量的拼接改为对上下文词向量求平均，并且去掉了原来 NNLM 中的隐藏层。CBOW 模型结构见图 2.10，其核心思想为：从语料库中找出一系列长度为 n 的文本序列 $\{t_{i-(n-1)},\cdots,t_i\}$ 组成集合 S，词典 V 中包含了 $|V|$ 个词语，用于分布式表示的词嵌入矩阵中包含 $|V|$ 个 d 维词向量。对于集合 S，CBOW 的任务就是利用上下文 $c_i = \{t_{i-(n-1)},\cdots,t_{i-1}\}$ 来预测目标词语 t_i。该模型只包含输入层、输出层共两层。

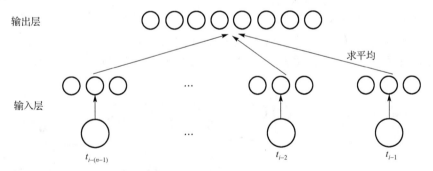

图 2.10　CBOW 模型结构

在输入层，首先将上下文词语序列 $c_i = \{t_{i-(n-1)},\cdots,t_{i-1}\}$ 利用对应的分布式词向量表示，得到 $\{v_{i-(n-1)},\cdots,v_{i-1}\}$，然后，对上下文词向量求平均得到上下文语义向量 x，将其传向输出层。输入层的计算详见式 (2.30)，其中 $x \in \mathbb{R}^{d\times1}$。

$$x = \frac{1}{n-1}\left(\sum_{k=i-(n-1)}^{i-1} v_k\right) \tag{2.30}$$

在输出层，将输入层提取的上下文语义向量 $\boldsymbol{x}$ 与目标词语 t_i 对应的词向量 $\boldsymbol{v}_i$ 作点积运算，见式(2.31)，所得结果 y 为标量，进而将 y 作为 softmax 函数的分子，分母则为词典中每个词语对应词向量与上下文语义向量 $\boldsymbol{x}$ 的点积之和，利用 softmax 函数做归一化后，求得预测词的概率，见式(2.32)。利用最大对数似然估计，得到 CBOW 模型训练的目标函数为式(2.33)。由该模型可以看出，预测词的上下文中每个词语对预测词可能出现的概率影响权重是一样的。

$$y = \boldsymbol{v}_i^\top \boldsymbol{x} \tag{2.31}$$

$$P(t_i \mid c_i) = \frac{\exp(y)}{\sum\limits_{k=1}^{|V|} \exp(\boldsymbol{v}_k^\top \boldsymbol{x})} \tag{2.32}$$

$$\max\left(\sum_{(c_i, t_i) \in S} \log P(t_i \mid c_i) \right) \tag{2.33}$$

Skip-gram 模型同样以传统的神经网络语言模型 NNLM 为基础，去掉了其中计算量惊人的隐藏层，但在输入层的处理上与 CBOW 模型略有差别——Skip-gram 模型没有对上下文词向量取平均，而是从上下文词向量中随机选择一个作为预测词的上下文语义表示，模型结构如图 2.11 所示。其核心思想为：从语料库中找出一系列长度为 n 的文本序列 $\{t_{i-(n-1)}, \cdots, t_i\}$ 组成集合 S，词典 V 中包含了 $|V|$ 个词语，用于分布式表示的词嵌入矩阵中包含 $|V|$ 个 d 维词向量。对于集合 S，Skip-gram 模型的任务就是，在上下文 $c_i = \{t_{i-(n-1)}, \cdots, t_{i-1}\}$ 中随机选择一个词语作为预测词的上下文，计算其可能成为预测词上下文的概率，该模型同样只包含输入、输出两层。

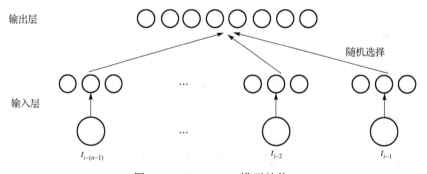

图 2.11　Skip-gram 模型结构

在输入层，首先将上下文词语序列 $c_i = \{t_{i-(n-1)}, \cdots, t_{i-1}\}$ 表示为对应的分布式词向量序列 $\{\boldsymbol{v}_{i-(n-1)}, \cdots, \boldsymbol{v}_{i-1}\}$。然后，从中随机选择一个作为预测词的上下文语义向量，

传入输出层。输入层计算方法见式 (2.34)，其中 $x \in \mathbb{R}^{d \times 1}$，$d$ 为词向量的维度。

$$x = v_k(k = i - (n-1), \cdots, i) \tag{2.34}$$

在输出层，将输入层提取的上下文语义向量 x 与预测词 t_i 对应的词向量 v_i 作点积，见式 (2.35)，所得 y 为标量。

$$y = v_i^{\top} x \tag{2.35}$$

然后，利用 softmax 函数做归一化处理，将 y 作为 softmax 函数的分子，将字典中每个词语对应的分布式词向量与上下文语义向量 x 的点积之和作为 softmax 函数的分母，获得词语 t_k 是预测词 t_i 的上下文的概率 (式 (2.36))。Skip-gram 模型训练的目标函数为式 (2.37)。

$$P(t_k \mid t_i) = \frac{\exp(y)}{\displaystyle\sum_{j=1}^{|V|} \exp(v_j^{\top} x)} \tag{2.36}$$

$$\max\left(\sum_{(c_i, t_i) \in S} \sum_{t_k \in c_i} \log P(t_k \mid t_i) \right) \tag{2.37}$$

2.2.2.3 利用分布式词向量实现文本向量化

神经网络语言模型和 Word2Vec 模型只能得到 (词典中) 所有词语对应的分布式嵌入向量的集合。要得到文本的向量表示，还需按照其中的词汇组成，对这些词汇的分布式表示向量进行拼接、或求和、或求平均。值得注意的是，尽管这种文本表示中包含了各词语的语义信息，甚至包含了各词语的先后顺序信息，但所包含的仅是词汇层面的信息，而无法有效刻画句子、段落和篇章层面的文本信息，所以距离理想的文本分布式表示还有相当差距。

为了解决词汇间关联信息缺失的问题，Mikolov[43]对 Word2Vec 模型进行拓展，提出了 Doc2Vec 模型。该模型在词向量的训练中引入了段落向量的概念。段落向量是一个与词向量维度相同的分布式向量,但表征的是整个文本段落的语义信息,包含了词汇间的关联关系。Doc2Vec 模型分为两个子模型：DM (Distributed Memory) 模型和 DBOW (Distributed Bag of Words) 模型。其中，DM 模型由 CBOW 发展而来,模型结构如图 2.12 所示,其核心思想是利用词汇的上下文 (词汇向量+段落向量) 来预测目标词汇的概率分布。DBOW 模型则由 skip-gram 模型发展而来，模型结构如图 2.13 所示,其核心思想是仅利用段落向量来预测目标词汇的概率分布。

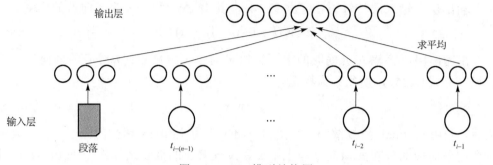

图 2.12　DM 模型结构图

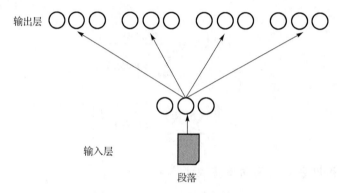

图 2.13　DBOW 模型结构图

2.2.3　分析总结

本小节介绍了文本的向量化表示方法,包括稀疏表示和分布式表示两类。其中,稀疏表示主要介绍了词袋模型,分布式表示则介绍了神经网络语言模型、Word2Vec 模型以及 Doc2Vec 模型。从本质上看,稀疏表示并非真正意义上的字词级别的表示,而仅将字或词用其在字典或词典中的索引来表示,以此实现文本向量化,所以它只实现了符号数字化,而并未赋予表示向量以词法和语境含义,因此在实际应用中往往无法适应语义分析任务的需要。神经网络语言模型和 Word2Vec 模型则实现了真正意义上的字词级别的语义表示,将词汇映射到高维空间中,利用向量在空间中的位置分布来表征词汇间的语义联系,赋予了向量以语义。在此基础上扩展的 Doc2Vec 方法进一步引入了段落向量,在赋予向量语义特征的同时,引入了语境特征,将文本数字化任务向前推进了一大步。

2.3　卷积神经网络

卷积神经网络(Convolutional Neural Networks，CNN)是一种常用的人工神经网络，该网络的结构与生物神经网络相类似——使用同样的网络权值来对不同窗口进行操作，避免了全连接前馈神经网络庞大的参数体系。卷积神经网络对局部信息有较好处理能力，所以一经提出就在图像处理等领域发挥了巨大作用。

卷积神经网络也被广泛用于自然语言处理当中，这是由于自然语言的上下文之间也存在一定的语义联系。通常，一个句子当中的字、词或短语，除了充当固定的语义成分(如主、谓、宾)外，它们之间还存在一定的局部依存关系(如惯用搭配)，而卷积神经网络能够很好地挖掘这些局部上下文关系，故而被应用到各类自然语言相关的分析识别任务中，如语言建模[44, 45]、文本分类[46, 47]、语音识别[48, 49]、情感分类[50, 51]，等等。

图 2.14 给出了一个运用卷积神经网络处理自然语言文本的示例，图中包括输入层、卷积层和池化层。输入层是词向量组成的矩阵，图中词向量矩阵的宽度为 4。卷积层通过对固定宽度的滑窗内的相邻词向量进行卷积操作得到不同的值。在对文本向量进行卷积操作时，步长通常为 1，即每次卷积窗口往后移动一个向量。对文本词向量的卷积操作一般是一维卷积，即卷积核的个数与词向量的维数相同，卷积核的尺度(宽度)是所选择的上下文窗口(也即滑窗)的宽度。所以，图中的卷积层使用了 2 个相同的、尺度为 2 的卷积核，得到 2 个输出长度均为 4 的特征向

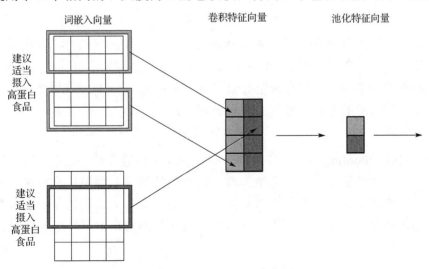

图 2.14　卷积神经网络示意图

量(对应图 2.14 中间部分的 2 列方块)。卷积层之后为池化层，它对卷积层的输出进一步进行池化操作，通常做法是，对卷积层每个卷积核所提取出特征，选择最大值或者平均值。图中有 2 个卷积核，则在每一个卷积核的维度上选择最大值或者平均值，得到由 2 个实数值组成的向量。接下来，池化层生成的向量可以作为其他模型的特征或者输入进行进一步的操作。

简言之，卷积神经网络通常由卷积层和池化层组成。关于这两层的详细说明给出如下：

(1)卷积层(Convolutional Layer)负责从输入中提取局部上下文特征。其操作的局部窗口的宽度或者说尺寸往往固定,窗口可以沿着输入序列以一定步长滑动,但窗口(内的卷积核的)参数保持固定。针对文本操作时，通常为一维卷积，即卷积操作的窗口朝一个方向移动，且其卷积核移动的步长通常为 1。

给定一个文本词向量序列 $D=[x_1,x_2,\cdots,x_T]$，其中 $x_i \in \mathbb{R}^d$ 为词向量，d 为向量维度，T 为序列长度。假设现有一卷积核宽度为 s，利用该卷积核对序列 D 进行卷积的过程可描述为：将 x_1 与其后连续的 $s-1$ 个向量拼接组成矩阵 z_1，记 $z_1=[x_1,x_2,\cdots,x_s]$，z_1 就是滑窗在初始位置执行卷积操作选取的输入片段。从 x_1 位置开始滑窗沿序列滑动，每次移动 1 个步长长度，每移动一次滑窗，就改变了一次输入片段，相应需进行一次卷积操作。依次将每个向量与其后连续的 $s-1$ 个向量拼接，得到 $z_i=[x_i,x_{i+1},\cdots,x_{i+s-1}]$，$z_i \in \mathbb{R}^{s\times d}$，最终形成矩阵序列 $Z=[z_1,z_2,\cdots,z_{T-s+1}]$，该矩阵序列的每个分量均需做卷积操作。设卷积运算遵循规则 f，则序列 D 上进行的卷积操作可以表示如下：

$$o = f([z_1,z_2,\cdots,z_{T-s+1}]) \tag{2.38}$$

其中，$o \in \mathbb{R}^{T-s+1}$ 是该卷积核执行操作对应的输出。一般，我们也可以在同一个序列上应用不同尺度的卷积核,每个卷积核在窗口滑动过程中均可生成一系列输出。假定卷积核的个数为 q，则卷积层的输出为 $O=[o_1,o_2,\cdots,o_q]\in \mathbb{R}^{(T-s+1)\times q}$。

为了后续表示的方便，卷积层简化表示为：

$$O = \mathrm{CNN}(D) \tag{2.39}$$

(2)池化层(Pooling Layer)通常位于卷积神经网络的卷积层之后，对其提取的特征进行进一步筛选，从中选取更具有代表性的特征，从而简化了模型的特征表示。池化层中的池化操作通常为取最大或取平均，取最大就是从每一个卷积核的输出当中选择最大值，取平均则从选取每个卷积核的输出的平均值。取最大的池化计算方法如下：

$$p = [\max o_1, \max o_2, \cdots, \max o_q] \tag{2.40}$$

其中，$\mathrm{max}\boldsymbol{o}_i$ 选择 $\boldsymbol{o}_i$ 中元素的最大值，向量 $\boldsymbol{p}$ 为池化层输出。从上述公式中可知，池化层的输入矩阵为 $\boldsymbol{O} \in \mathbb{R}^{(l_D-s+1)\times q}$，输出向量为 $\boldsymbol{p} \in \mathbb{R}^q$。取最大的池化方法可简记为：

$$\boldsymbol{p} = \mathrm{Pool}_{\mathrm{max}}(\boldsymbol{O}) \qquad (2.41)$$

众所周知，词的意思经常受到它的上下文的影响。因此，如果要挖掘词的语义信息，需要对其周围的上下文进行建模。而卷积神经网络能够很好地提取局部上下文信息，所以用在文本处理当中效果显著。不难发现，卷积神经网络跟 n-gram 模型有一定相似性，但其所需要的维度远比 n-gram 模型要低。

2.4　循环神经网络及其改进

循环神经网络(Recurrent Neural Networks，RNN)是另一种常用神经网络，被广泛用于序列建模和序列特征提取中。在结构上 RNN 为一种链式神经网络，将信息流从一边传递到另一边。链式网络的每个单元都具有相同结构，并借助内部的记忆单元来向下传递信息，故而序列中位置靠前的信息会对位置靠后的信息产生影响，且能处理任意长度的输入序列。因此，相比其他神经网络，循环神经网络能够更好地处理序列化数据，在各项自然语言相关任务中展现了优异的效果，如语言建模[41]、语音识别[52, 53]、机器翻译[54, 55]、文本生成[56, 57]等。

图 2.15 是一个循环神经网络的示意图。左图为链条上各单元的网络结构，右图为序列网络(或者说链式网络)，相应的输入序列为 $[\boldsymbol{x}_1, \boldsymbol{x}_2, \cdots, \boldsymbol{x}_T]$，输出序列为 $[\boldsymbol{h}_1, \boldsymbol{h}_2, \cdots, \boldsymbol{h}_T]$。对于左图所示的任意单元，都满足：

$$\boldsymbol{h}_t = f(\boldsymbol{w}_r \circ [\boldsymbol{h}_{t-1}, \boldsymbol{x}_t] + \boldsymbol{b}_r) \qquad (2.42)$$

其中，$t = 1, \cdots, T$，$\boldsymbol{h}_{t-1}$ 为上一单元的输出(常设 $\boldsymbol{h}_0$ 为零向量)，并作为该单元的隐藏节点，和当前输入 $\boldsymbol{x}_t$ 一并作为当前单元的输入，参与运算；$f(\cdot)$ 为激活函数；$\boldsymbol{w}_r$ 为权重矩阵，$\boldsymbol{b}_r$ 为偏置向量，$\boldsymbol{w}_r$ 的其中一维为输入 $\boldsymbol{x}_t$ 和上一时刻输出 $\boldsymbol{h}_{t-1}$ 的维度之和，另一维为 RNN 模型输出的维数。$\boldsymbol{h}_t$ 为当前单元的输出，也作为下一个单元的隐藏输入。正是这样的结构，使得循环神经网络能够很好地记忆和传递序列前部分的信息。

在具体任务中使用 RNN 时，可以使用最后一个单元的输出 $\boldsymbol{h}_T$ 作为整个模型的输出，因为其已经包含整个序列的信息。但也有些时候，会使用每个单元的输出构成的序列 $\boldsymbol{H} = [\boldsymbol{h}_1, \boldsymbol{h}_2, \cdots, \boldsymbol{h}_t]$ 作为序列表示，这常常使特征表示更加丰富，更有利于后续模型做进一步的特征提取。

但是，RNN 面临一个严重的问题，即梯度消失(Gradient Vanishing)或梯度爆炸(Gradient Explosion)[58]。这是由于在模型训练过程中进行梯度计算时，RNN 所处理的序列通常较长，特别是处理到序列后端时，损失函数的反向传播需要进行很多次梯度计算，导致梯度会接近于零（梯度消失）或者数值过大（梯度爆炸），使得神经网络的参数几乎停止更新或者更新得过快，难以训练。理论上，RNN 可以处理序列中的长距离依赖问题，但实际上，梯度消失或爆炸会使得其处理这样的问题变得非常困难。

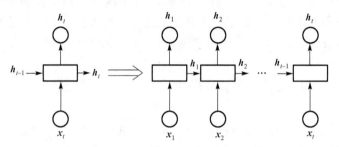

图 2.15　循环神经网络示意图

　　为解决 RNN 存在的梯度消失或爆炸的问题，Hochreiter 等人[59]在 1997 年提出了一种 RNN 的改进——长短时记忆网络（Long Short Term Memory Networks，LSTM）。与 RNN 一样，LSTM 也能够很好地处理序列数据，也采用了链式结构；但不同的是，通过引入记忆机制和门机制，LSTM 可以很好地处理序列中的长距依赖和短距依赖，而这是 RNN 所不能的。

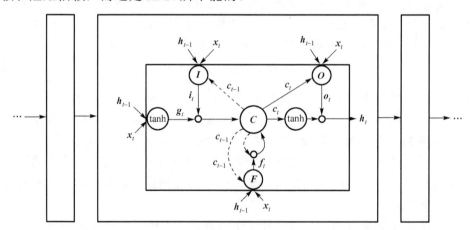

图 2.16　LSTM 示意图

　　图 2.16 给出了 LSTM 的结构示意图，由图可见，它和 RNN 一样，是一种序列模型，模型各单元外部与 RNN 相似，单元内部结构则与 RNN 有很大不同——存在记忆模块和控制开关，其中 C 为记忆模块，I、O、F 分别为输入门、输出门和遗忘门。

从结构细节上看,LSTM 的输入输出与 RNN 相同,仍记 $\boldsymbol{x}_t$ 是当前单元的输入,$\boldsymbol{h}_{t-1}$ 是隐藏状态或者是上一个单元的输出;但 LSTM 内部多出来一些记忆模块和门结构。记当前单元的记忆模块为 $\boldsymbol{C}$,第一个门为遗忘门 $\boldsymbol{F}$,满足:

$$f_t = \sigma(w_f \circ [C_{t-1}, h_{t-1}, x_t] + b_f) \tag{2.43}$$

其中,$\boldsymbol{w}_f$ 为权重矩阵、$\boldsymbol{b}_f$ 为偏置向量,$\boldsymbol{f}_t$ 控制对上一记忆模块 $\boldsymbol{C}_{t-1}$ 传递的信息是"全部忘记"(值为 0))、"全部记忆"(值为 1),或介于两者之间(值在 0~1 间)。

第二个门为输入门 $\boldsymbol{I}$,满足:

$$i_t = \sigma(w_i \circ [C_{t-1}, h_{t-1}, x_t] + b_i) \tag{2.44}$$

其中,$\boldsymbol{w}_i$ 为权重参数、$\boldsymbol{b}_i$ 为偏置向量,$\boldsymbol{i}_t$ 控制全部采用当前输入(值为 1)、全部舍弃当前输入(值为 0),或者介于两者之间(值在 0~1 之间)。当前单元的记忆模块 $\boldsymbol{C}_t$ 的信息由上一单元的记忆模块输出 $\boldsymbol{C}_{t-1}$、当前单元的输入 $\boldsymbol{x}_t$,以及上一个单元的输出信息 $\boldsymbol{h}_{t-1}$ 所决定,并通过遗忘门和输入门进行调节:

$$\tilde{C}_t = \tanh(w_C \circ [h_{t-1}, x_t] + b_C) \tag{2.45}$$

$$C_t = f_t \circ C_{t-1} + i_t \circ \tilde{C}_t \tag{2.46}$$

其中,$\boldsymbol{w}_C$ 为权重参数、$\boldsymbol{b}_C$ 为偏置向量。$\boldsymbol{f}_t$ 和 $\boldsymbol{i}_t$ 的取值范围互相不影响。第三个门为输出门 $\boldsymbol{O}$,满足:

$$o_t = \sigma(w_o \circ [h_{t-1}, x_i] + b_o) \tag{2.47}$$

其中,$\boldsymbol{w}_o$ 为权重参数、$\boldsymbol{b}_o$ 为偏置向量,$\boldsymbol{o}_t$ 控制输出值的大小——其值为 1 表示全部采用当前结果作为输出,为 0 表示输出零向量,在 0~1 之间则表示输出介于前面两者之间。

最后得到当前节点的输出向量:

$$h_t = o_t \circ \tanh(C_t) \tag{2.48}$$

该向量既为当前节点输出,也作为下一个节点的隐藏节点参与运算,以上运算中的 σ 均代表 sigmoid 函数,$\circ$ 表示向量点积。

在处理文本时,有些词语指代其前面的信息,但也有些词语可能指代了其后面的信息。单方向的循环神经网络显然不能将序列后部分的上下文信息挖掘出来,因此,引入双向的循环神经网络,以便从两个方向捕获文本中的上下文信息,同时生成两个不同的输出向量,这两个方向相互不影响,最后的输出即为两个方向的向量拼接。设正向的循环神经网络的输出为 $\vec{h}_t$,反向的输出为 $\overleftarrow{h}_t$,则双向循环神经网络的输出为 $h_t = \vec{h}_t \| \overleftarrow{h}_t$。长短时记忆网络(LSTM)也可以做类似的操作,双向长短时记忆网络可简记为"biLSTMs"。

　　尽管 LSTM 在解决长短距离依赖问题上性能优良，但其复杂的门控结构极大地增加了模型的参数量，导致在实际应用中效率难以符合预期。基于此，Cho 等在 2014 年提出了它的简化版模型——门控循环单元（Gated Recurrent Unit，GRU）[60]，该模型性能几乎可以比肩 LSTM，但参数规模进行了极大地缩减。GRU模型只有两个门控单元，分别是重置门 R 和更新门 Z，不再设置输出门，同时输出状态不用再经过激活函数的激活，而是经过更新门的控制直接输出。重置门的作用是决定前一时刻的输出状态对候选输出状态计算单元输入的影响程度，更新门的作用是决定前一时刻的输出状态对候选输出状态计算单元的输出的影响程度。如图 2.17 为 GRU 网络的模型结构图，当模型输入为 $\boldsymbol{X} = [\boldsymbol{x}_1, \boldsymbol{x}_2, \cdots, \boldsymbol{x}_T]$，$\boldsymbol{X} \in \mathbb{R}^{T \times d}$，其中 T 为序列长度，d 为词嵌入向量的维度。输出序列则为 $\boldsymbol{H} = [\boldsymbol{h}_1, \boldsymbol{h}_2, \cdots, \boldsymbol{h}_T]$，$\boldsymbol{H} \in \mathbb{R}^{T \times h}$，这里，$h$ 为隐藏层的维度。对于序列中的每一个分量，输出序列中都有一个输出分量与其对应。定义在某一时刻 $t(t = 1, \cdots, T)$ GRU 某一单元的输入为 $\boldsymbol{x}_t$，输出为 $\boldsymbol{h}_t$，该单元中各模块的计算则可表示如下。

更新门：

$$z_t = \sigma(\boldsymbol{w}_z \circ [\boldsymbol{x}_t, \boldsymbol{h}_{t-1}] + \boldsymbol{b}_z) \tag{2.49}$$

重置门：

$$r_t = \sigma(\boldsymbol{w}_r \circ [\boldsymbol{x}_t, \boldsymbol{h}_{t-1}] + \boldsymbol{b}_r) \tag{2.50}$$

候选输出状态计算：

$$\tilde{\boldsymbol{h}}_k = \tanh(\boldsymbol{w}_r \circ [\boldsymbol{x}_t, \boldsymbol{h}_{t-1} \cdot \boldsymbol{r}_t] + \boldsymbol{b}_h) \tag{2.51}$$

隐藏层输出：

$$\boldsymbol{h}_t = (1 - z_t) \circ \tilde{\boldsymbol{h}}_k + z_t \circ \boldsymbol{h}_{t-1} \tag{2.52}$$

这里，σ 均代表 sigmoid 函数。

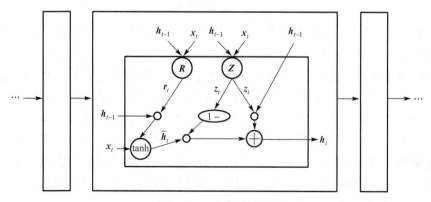

图 2.17　GRU 示意图

2.5　注意力机制

近年来，深度神经网络在越来越多领域和任务中展现出了惊人效果，人们尝到了应用相关技术和模型带来的甜头，同时神经网络面临的任务量和任务难度也在急剧增长。起初人们尝试通过叠加多层网络来解决复杂和大规模问题，但网络叠加意味着模型参数的爆炸式增长，这又反过来会降低神经网络模型的效率和性能。为解决这个问题，研究者们提出了注意力机制（Attention Mechanism，AM）。

受到人类直觉的启发，注意力机制最初用于机器翻译，并在自动对齐任务上显示出不错的表现[58]。后来，作为一种简单有效的序列数据编码方法，注意力机制的重要性不言而喻，它在文本摘要[61]、情感分类[62]、语义分析[63]等各类自然语言处理任务中都取得了显著效果。注意力机制理论是基于对人类处理庞大任务过程的观察而提出的。以人观看一张图片为例，在接收到一张新图片时，我们的眼球总能最先捕获到令我们最感兴趣的一块区域，会先对这部分图片信息进行处理，而后按照感兴趣程度大小对剩余区域进行同样的分步处理，直至观看完所有区域，再对整体的图片进行全局处理。这体现的是一种分步处理的思想，即针对一个不能一次有效处理的任务，将其分割为若干个能够有效处理的子块，每次选择剩余块中最合适、最重要的一个来集中注意力进行精细处理，并在处理时，忽略或降低其他块的重要程度。需要注意的是，这种思想并非单纯的块切割——处理当前块产生的反馈信息同时也能为其余块的处理产生引导作用，实现了任务和处理过程的有效互动。

在自然语言处理任务中，通常借助注意权重大小来区分输入信息中各元素的重要程度，利用较大的权值来表征值得重点关注的焦点。如图 2.18 为引入注意力

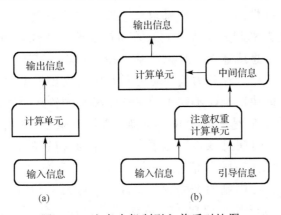

(a)　　　　　　　　　　　　(b)

图 2.18　注意力机制引入前后对比图

机制前后对比图，未加入注意力机制的模型框架(图(a))中，输入信息直接送入计算单元，经过计算得到整个模型的输出。加入注意力机制(图(b))后，首先在引导信息的作用下，计算输入信息中各元素针对引导信息的注意力权重，然后将注意力权重作用于输入信息，得到经注意力选择后的输入信息(称为中间信息)，最后将中间信息送入计算单元，计算出整个模型的输出信息。常用的注意力权重计算方法有：计算输入信息与引导信息的点积值、计算输入信息与引导信息的 cosine 值，以及利用神经网络训练获取，等等。

根据中间信息的产生方式的不同，可以将注意力机制分为软注意力(Soft Attention)和硬注意力(Hard Attention)两种。软注意力的基本思想是，根据引导信息的引导，通过一定规则 f 计算出输入信息中每个元素对应的注意力权重，并按照注意力权重对输入信息进行概率加权，得到中间信息。而硬注意力的基本思想是，计算出输入信息中每个元素对应的注意力权重后，按照权重对输入信息中的元素进行采样，选择一个最合适的作为中间信息。

根据注意权重对输入信息的作用范围，可以将注意力机制分为全局注意(Global Attention)和局部注意(Local Attention)两种。全局注意的基本思想是，根据引导信息的引导，通过一定规则 f 计算出输入信息中每个元素对应的注意力权重，按照注意力权重对输入信息中每个元素进行加权求和，得到中间信息。而局部注意的基本思想是，根据引导信息的引导，通过一定规则 f 计算出输入信息中每个元素对应的注意力权重，按照注意力权重对输入信息中部分元素进行加权求和，得到中间信息。所以，上面提到的硬注意力可视为局部注意的一种特例，即设未被选中的元素的权重均为 0，而设被选中的权重为 1。

普通的注意力机制发生于输入信息与输出信息之间，通过对输入信息中不同元素的权值分配和运算得到输出信息。而自注意力机制(Self-Attention Mechanism)发生于输入信息自身内部或输出信息自身内部，用于提取一个序列的自身特征。据此，可以将注意力机制分为普通注意力和自注意力(Self-Attention)。注意，这里我们所谓的输入信息或输出信息指注意力模块的输入或输出，并非针对整个模型而言。在实际应用中，注意力模块可能只是组成完整模型的一个子模块，其输入、输出由其前后模块决定，不能等同于整个模型的输入、输出。

注意力机制的本质是准确定位感兴趣(或者说重要)的信息，抑制无用(或者说当前无需关注)的信息。也可以看作是将内部积累的经验信息(引导信息)和外部获取的感觉信息(输入信息)进行对齐，从而增加部分区域的处理精细度。对比未加入注意力机制的网络模型，加入注意力机制后的优势主要有三种：第一，可以克服生成输出信息时，对输入信息中各元素等同视之、无法突出重点的缺陷；第二，可以克服输入信息中相关性较大的元素距离跨度过大、相关性被削弱的缺陷，办法是忽略物理距离，有效计算输入信息中任意两个元素间的权重；第三，可以减少对外部额外信息的依赖，依靠注意力权重的调节来准确获得输出信息。

2.6　再论表示学习

在介绍完深度学习中常用的网络模型后，我们有了相关基础，可以再来探讨一下表示学习问题，也即如何更好地将输入（如文本或图像）表示为向量或向量序列的问题。前面提到，尽管文献[42]发现了 Word2Vec 模型缺乏上下语境信息，所提出的 Doc2Vec 模型也在一定程度上改善了这个问题，但效果并不能满足复杂任务的需要。为此，研究人员先后提出了以 CoVe、ELMo、GPT、BERT 为代表的基于上下文的表示学习方法，通过在大规模语料上进行模型预训练（Pre-training），嵌入了丰富的语境含义，并支持针对下游任务加装特需模块（如序列标注头），以及在任务相关数据集上进行模型参数微调（Fine Tuning），使下游任务的处理效果也获得显著提升。近年来，这种"预训练+微调"的模式屡屡展现出远胜以往模型的效果，因而大行其道。本小节将对上述四种代表性的基于上下文的表示学习方法展开详细介绍。

2.6.1　CoVe

CoVe（Context Vector）由 McCann 等人[64]2017 年提出，旨在解决 Word2Vec[42, 43]和 GloVe[65]等生成的词向量无法准确包含上下文语义信息的问题。为使语义嵌入更加丰富准确，McCann 等人借鉴图像分析领域采用卷积神经网络（CNN）作为基础模块抽象图像特征的方法，提出一种用于自然语言处理的基础模块来辅助生成语义更丰富的词嵌入表示，以此提升下游任务的处理效果。

引入 CoVe 的模型框架如图 2.19 所示，其中图(a)为隐藏词嵌入向量的预训练模型框架，图(b)为主任务处理框架。隐藏词向量预训练模型采用的实际是自然语言处理中机器翻译任务的框架，由输入模块（也称词嵌入表示模块）、编码器、解码器、翻译模块构成。在大量机器翻译语料上对此框架进行训练，保存相关参数的训练结果，最终取词嵌入表示和编码器模块来生成隐藏词向量。

对于给定的源序列 $T^s = [t_1^s, \cdots, t_n^s]$（其中，$n$ 为序列长度），利用 GloVe 将源序列向量化表示为 $V^s = \text{GloVe}(T^s)$。众所周知，循环神经网络对序列文本的上下文语义提取十分有效，因此，为了得到上下文语义丰富的词向量，编码器部分一般采

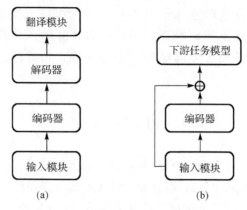

图 2.19　引入 CoVe 的一般框架

用循环神经网络来对源序列进行加工(见式(2.53)),得到隐藏层输出 $\boldsymbol{h}$,后续将该模块的输出称为隐藏词嵌入向量,即所谓的 CoVe 词嵌入向量。

$$\text{CoVe}(T^s) = \boldsymbol{h} = \text{Encoder}(V^s) = \text{Encoder}(\text{GloVe}(T^s)) \qquad (2.53)$$

McCann 等人[64]采用正是上述思路,不过他们设计的预训练隐藏词嵌入向量框架中,编码器部分采用的是两层双向长短时记忆网络(Bidirectional LSTM,biLSTM,原文中称为 MT-LSTM)。后续解码器和翻译模块采用常见的机器翻译模型设计即可实现预训练的目的,其原理此处不再赘述。由于预训练并不是主要任务,因此网络结构无需太复杂,只需根据应用场景尽可能选取足够大的训练语料即可。

完成预训练后,主任务的输入模块中的输入词嵌入向量 **input** 由两部分拼接组成(图 2.19 中加号表示),分别是隐藏词嵌入向量 $\text{CoVe}(T^s)$ 和普通 GloVe 生成的向量 $\text{GloVe}(T^s)$,如式(2.54)所示。

$$\textbf{input} = [\text{GloVe}(T^s); \text{CoVe}(T^s)] \qquad (2.54)$$

由相关实验验证得知,由此产生的词嵌入向量在主任务中确实发挥了更好的语义表达效果。

2.6.2　ELMo

ELMo(Embeddings from Language Models)是 2018 年由 Peters 等人[66]提出的,其英文名直截了当地说明了该词嵌入表示的原理——由语言模型得来的词嵌入表示。ELMo 的问世,同样是为了使词嵌入表示的语义更丰富,更符合自然语言的行文规律。为了更好地说明 ELMo 的研究动机,下面给出一个实例(例 2.2),其中两个句子都包含"**苹果**"一词,但却有着截然不同的含义。可是传统模型并没有考虑上下文语境变化所导致的词义变化，而为每个词语仅训练一个上下文无关的词嵌入表示。这种思路显然不能适应实际应用中常见的一词多义的情况——词语具体取哪种意思需视语境而定。基于此，Peter 等人提出了 ELMo。

例 2.1　同词不同义样本

核心词：苹果

句一：今天超市的苹果 10 元一斤。

句二：苹果公司今年的销量不容乐观。

ELMo 源于对神经网络语言模型的改进，Peter 等将其称为双向语言模型（Bidirectional Language Model，biLM），结构如图 2.20 所示，主要特点是：将传统神经网络语言模型的隐藏层改为多层双向长短时记忆网络（Multi-bidirectional LSTM）。LSTM 是提取文本语义的好工具，而双向 LSTM 能较好地兼顾中心词前后两个方向的语义信息，多层 LSTM 设计则能在多个抽象层次上提取文本信息——底层 LSTM 捕获句法信息，顶层 LSTM 捕获语境、语义信息。

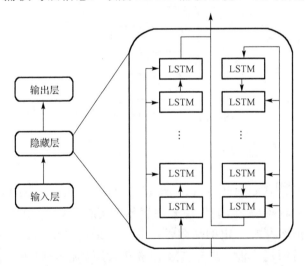

图 2.20　双向语言模型框架

具体的，给定输入序列 $T = [t_1, \cdots, t_n]$（n 为序列中的元素个数），利用 GloVe 或 Word2Vec 将其表示为词嵌入向量序列 $V = [v_1, \cdots, v_n]$，假设 biLM 的隐藏层中一个方向共包含 l 个 LSTM 单元，每个 LSTM 单元包含 m 个节点，对于第 $j(j = 1, \cdots, l)$ 个 LSTM 单元，其第 $k(k = 1, \cdots, m)$ 个节点的输出记为 $\vec{h}_k^j$（或 $\overleftarrow{h}_k^j$）。将 biLM 在大量语料上进行预训练，保存参数训练结果，即可用于生成新的词嵌入向量。传统语言模型仅将顶层输出 $h_k^l = [\vec{h}_k^l; \overleftarrow{h}_k^l]$ 作为隐藏层的最终输出，生成新的词嵌入表示，而新改进的语言模型 biLM 将隐藏层各层输出均用于生成新的词嵌入表示。对于第 k 个节点，记 $\boldsymbol{v}_k$ 为 $\boldsymbol{h}_k^0$，将各隐藏层对应节点输出与原词嵌入表示作线性运算以适应复杂的应用场景。最终得到新词嵌入表示为 ELMo_k（见式（2.55）），其中 α 和 β 均为可训练参数，可根据任务特点进行调整。

$$\mathrm{ELMo}_k = \alpha \sum_{j=0}^{l} \beta^j \boldsymbol{h}_k^j \tag{2.55}$$

ELMo 产生的词嵌入表示可应用于情感分析、机器阅读理解、机器问答、文本蕴含、命名实体识别等多个自然语言处理任务中，且效果较传统词嵌入表示均有很大提升，加入 ELMo 的模型框架如图 2.21 所示。

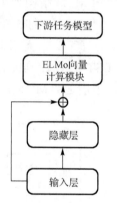

图 2.21　引入 ELMo 模型框架

2.6.3　GPT

生成式预训练[67]（Generative Pre-training Transformer，GPT）方法是继 ELMo 之后又一个采用"预训练+微调"模式的表示学习模型。尽管 ELMo 已经有了不错的表现，但它仍然存在一定的局限性：其一，采用多层 LSTM 网络在大规模语料上进行训练非常消耗资源，且 LSTM 在解决长距离依赖问题上仍显不足；其二，在提取文本中词汇级之外信息的问题上，多层 LSTM 的处理效果也有待提升。为了克服这些问题，GPT 应运而生。

在处理模式上，GPT 与 ELMo 等有一定区别。EMLo 方法将文本以序列形式读入，在大规模语料上训练语言模型，旨在获取新的词嵌入表示，用来参加小规模数据集上新模型的微调。而 GPT 直接一次读入整个文本进行处理，不生成中间词嵌入表示，在大规模语料上训练语言模型后，在语言模型尾端加入 softmax 层作为新模型，然后在小规模数据集上进行微调，同时 GPT 也将语言模型的内核由多层双向 LSTM 替换为多层 Transformer，提升了模型的并行能力。

Transformer 是 Vaswani 等人[68]于 2017 年提出的一个强大的神经网络模型，在各种自然语言处理任务中显示出良好的性能[5, 48]。与基于 RNN 或基于 CNN 的模型相比，Transformer 结构主要基于注意力机制而没有使用递归或卷积操作。由于使用多头自注意力机制，这种简单架构不仅在对齐方面表现优越，而且可以并行化。与 RNN 相比，Transformer 需要更少的训练时间，而与 CNN 相比，它更注重全局依赖性。

图 2.22 给出了 Transformer 编码的简单架构。为了引入位置信息，Vaswani 等人添加由正弦和余弦函数计算的位置编码，位置编码和词嵌入的和作为 Transformer 的输入。编码器是由 6 个结构均如图 2.22 所示的编码层组成，每层又分为两个子层：多头(自)注意力机制和前馈层，其中多头注意力机制就是将输入分成不同的头，然后对每一个头计算注意力，旨在提取不同空间的特征。编码器中的每一层都使用了相加与归一化的方法，可以降低模型复杂度，缓解过拟合问题，加快训练效率。

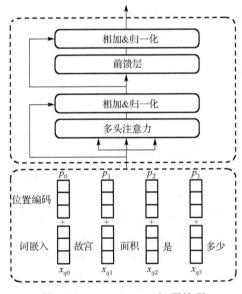

图 2.22 Transformer 问题编码

GPT 用于自然语言处理任务的基本模型框架如图 2.23 所示，其本质为语言模型，因此基本问题仍是已知上下文求取下一词汇为词典中某一词的概率。给定无监督训练语料中某个文本序列 $T = [t_1, \cdots, t_n]$（n 为文本长度），记其中某一词汇为 $t_i (i = 1, \cdots, n)$，利用 GloVe 或 Word2Vec 等可将其向量化表示为 v_i，规定核心词的上下文窗宽为 k，则 t_i 的上下文向量 c_i 可由 $t_{i-k} \sim t_{i-1}$ 共 k 个词汇的词嵌入向量经过

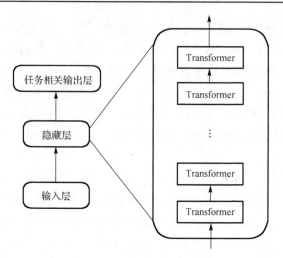

图 2.23 GPT 模型结构示意

一定的运算来产生。于是文本序列 T 可表示为向量构成的矩阵 $V = [v_1, \cdots, v_n]$，每个词汇对应的上下文向量构成的矩阵记为 $C = [c_1, \cdots, c_n]$，根据 Transformer 模型设计，还有一位置矩阵记为 W_p，模型中共包含 l 个 Transformer 层，则该语言模型的核心计算如式(2.56)、式(2.57)和式(2.58)所示：

$$h_0 = C^\top V + W_p \tag{2.56}$$

$$h_i = \text{Transformer}_i(h_{i-1}), \quad i = 1, \cdots, l \tag{2.57}$$

$$P(T) = \text{softmax}(h_l V^\top) \tag{2.58}$$

其中，Transformer_i 为第 i 个 Transformer 模块计算。将以上模型在大规模语料上进行无监督训练(预训练)后保存相关参数，进而在小规模数据集上进行有监督训练(微调)。

设有监督训练数据集中每个样本为 (X, y)，其中 $X = [x_1, \cdots, x_m]$（m 为数据集中每个文本的长度），y 为 X 对应的标签，将 X 向量化表示为 V^X，利用训练好的语言模型得到顶层 Transformer 层的输出为 h_l^X，则监督模型的 softmax 层计算为：

$$P(y \mid X) = \text{softmax}(h_l^X V^{X\top}) \tag{2.59}$$

在有监督训练数据集上训练该模型，即可得到最终的模型参数，模型训练的损失函数为有监督和无监督两部分训练损失函数的线性组合。

2.6.4 BERT

BERT（Bidirectional Encoder Representations from Transformers）自 2018 年底

问世以来，短短两年多时间里，被广泛应用在自然语言处理的各项任务中，且取得了较以往任何模型更好的效果。顾名思义，BERT 就是由多层双向 Transformer 模型的编码器得来的表征。得益于 Transformer 模型编码器的自注意力机制，对于输入序列中的任一词汇，经过 Transformer 层后得到的深层表征均是序列中各词汇词嵌入表示的加权和。因此，每个词汇的深层表示均包含了其两个方向的上下文信息，真正做到了上下文相关的表征。而以往的模型在提取上下文相关语义时，均是将两个方向的序列模型做拼接，并不能有效获取真正的上下文信息。

BERT 模型同样沿用了"预训练+微调"模式，模型分为预训练、微调两个部分。其中，预训练模块实现在大语料集上的无监督训练，微调模块实现在小数据集上的有监督训练，模型结构如图 2.24 所示，其中 $\{t_1,\cdots,t_n\}$ 和 $\{t_1,\cdots,t_m\}$ 分别为输入序列 A 和 B，[CLS]和[SEP]为模型特殊标记符号。$\{v_1,\cdots,v_n\}$ 和 $\{v'_1,\cdots,v'_m\}$ 分别为序列 A 和 B 对应的嵌入表示，$v_{[CLS]}$ 和 $v_{[SEP]}$ 分别为[CLS]和[SEP]的嵌入表示。$\{T_1,\cdots,T_n\}$ 和 $\{T'_1,\cdots,T'_m\}$ 及 C 和 $v_{[SEP]}$ 分别为序列中各位置对应的隐藏状态输出，经过一定变换后最终得到任务相关的输出。预训练模块本质是核心结构为多个 Transformer 层的双向语言模型，输入序列中每个词汇的词嵌入表示由词汇嵌入表示、分隔符嵌入表示、位置嵌入表示三部分构成，预测输出为序列中每个词是词典中某个词的概率。由于 Transformer 的特定结构限制，导致其在满足上下文相关的同时不可避免地"看见"了将要预测的词汇。为解决这个缺陷，Devlin 等[5]提出了改进方案，即对输入序列做掩盖操作，具体规则是：针对一个序列，每次随机选择 15%的词汇作为待掩盖词汇，在待掩盖的词汇中，80%使用特定掩盖符掩

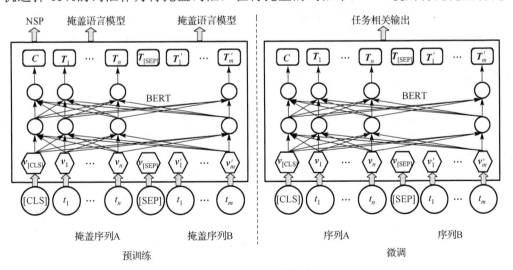

图 2.24　BERT 模型

盖，10%随机选择一个词汇将其替换，10%保持原词汇不变。相应的，预测任务被改进为预测被掩盖位置的词汇，因此该模型也被称为掩盖语言模型（Masked Language Model，MLM）。以上是针对词汇级别的设计，为了进一步提取句子级别的信息，在输入序列的开始加入开始符参与训练，若输入序列由一个句子构成，则在其末尾加入分隔符，若输入序列由两个句子构成，则用分隔符将两句隔开，分隔符同样参与训练。通过对输入序列中的两个句子做是否为上下句关系（Next Sentence Prediction，NSP）的分类训练，使得该模型同时具备了提取句子级别信息的能力。微调过程中，只需在 BERT 上层接入特定的任务层并在对应的数据集上进行优化训练即可，不再赘述。

2.7　本　章　小　结

本章阐述了深度学习的发展概况，并针对深度学习发展历程中几个典型的神经网络展开了详细介绍。首先介绍从神经网络的缘起到历史上第一个人工神经网络——"感知机"的构成和相关理论体系，接着介绍了基础性的表示学习方法，进而对近些年应用广泛的卷积神经网络、循环神经网络以及注意力机制展开介绍，最后讨论了基于上下文的表示学习模型。

本章的内容是研究自然语言处理相关任务必不可少的入门性知识。但限于篇幅，有很多细节未能一一给出，感兴趣的读者可以阅读深度学习和机器学习方面的专门著作（如 GoodFellow 等的《深度学习》[69]、周志华的《机器学习》[70]和李航的《统计学习方法》[71]等）来进一步学习和理解。

第 3 章 基 本 框 架

从本章开始，我们回到本书的主题——基于深度学习的机器阅读理解。本章先给出现有相关模型方法的基本框架，以及框架中各主要模块的典型实现方法。基本框架是对多数现有模型的归纳和抽象，但并非所有模型都能纳入其中。因此，本章最后对那些无法纳入基本框架的特例进行了介绍与分析。

3.1 基 本 框 架

如图 3.1 所示，典型的机器阅读理解系统将文章和问题作为输入，将答案作为输出，包含四个关键模块：嵌入编码（或词嵌入）、特征提取、文章-问题交互和答案预测。需要特别说明的是，基于 BERT 等预训练模型的 MRC 方法，实际上是符合此基本框架的，只是它们把嵌入编码、特征提取、文章-问题交互三个模块集成为一个整体，而只有答案预测模块相对独立、需根据任务而具体定义。

下面对基本框架中的四个关键模块做进一步说明。

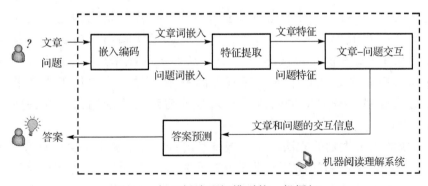

图 3.1　机器阅读理解模型的一般框架

1. 嵌入编码

接收到输入的文章和问题后，嵌入编码模块利用一定的表示学习模型，将它们转换为字词嵌入表示，以便其他模块开展后续处理。既可以单独使用字词嵌入，形成嵌入向量序列作为输入信息的表示，也可以将字词嵌入与词性标签、名称实体标签、问题类别等其他语言特征相结合，来载入更加丰富的语义和句法信息。此外，由大规模语料库预训练的、基于上下文的语言模型(特别是 BERT)在编码上下文信息中有不错表现，近年来成为嵌入编码模块的主流选择。

2. 特征提取

在嵌入编码模块之后，文章和问题的嵌入表示被输入到特征提取模块。这一模块旨在挖掘更多上下文信息，更好地理解文章和问题。一些典型的深度神经网络，例如循环神经网络(RNN)和卷积神经网络(CNN)经常被应用于这个模块来进一步挖掘文章和问题嵌入表示中的上下文特征。

3. 文章-问题交互

文章和问题之间的相互关系在预测答案中起着重要作用，有了这些信息，机器就能够找出文章中哪些部分对回答问题更为重要。为实现该目标，这一模块中广泛使用单向或双向注意力机制，以此来强调与问题相关的文章中的对应内容。为了充分提取它们之间的相关关系，有时会将文章和问题之间的交互执行多轮，这模仿了人类理解时的重读过程。

4. 答案预测

这是机器阅读理解系统最后一个模块，它根据前述模块累积的全部信息来预测最终答案。如前面 1.3 节所述，机器阅读理解任务可以根据问题和答案的形式进行分类，而答案预测模块的实现方式则与任务类别(实际是问题和答案的形式)高度相关：对于完形填空类任务，此模块输出的是给定文章中的单词或实体；对于单选或多项选择类任务，此模块输出应为各候选答案是正确答案的概率(或者说某个候选答案是正确答案的概率)；对于片段抽取类任务，此模块提取给定文章中的子序列作为答案；对于推理加工类任务，此模块常常需要运用一些文本生成技术，来基于前续模块的输出完成答案(文本)的生成。

与传统的基于规则的方法相比，深度学习技术在挖掘上下文信息方面表现出优势，这对机器阅读理解任务非常重要。在本章后续章节中，首先介绍如图 3.2 所示的机器阅读理解系统在不同模块中使用的各种深度学习方法，之后介绍一些可提升机器阅读理解模型效果的常用技巧。

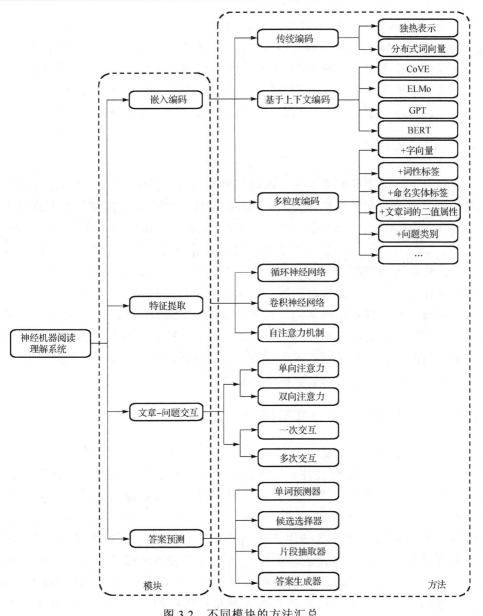

图 3.2 不同模块的方法汇总

3.2 嵌 入 编 码

嵌入模块是机器阅读理解系统中必不可少的部分,通常在开始时输入字词序列,然后将其编码成机器可理解和处理的固定长度的向量序列。正如 Dhingra 等人[72]指出，嵌入编码时的不同选择往往会导致阅读理解模型的性能表现差异巨大。如何充分编码文章和问题是本模块的核心任务。现有机器阅读理解模型采用的嵌入表示方法主要包括两大类，即传统表示和预训练的基于上下文的表示方法。此外，为嵌入更丰富的语义和语言信息，一些机器阅读理解系统也使用了多粒度编码，将词嵌入与字符嵌入、词性、命名实体、词频、问题类别等融合在一起。

3.2.1　传统编码方法

早期的机器阅读理解系统主要以词袋模型等传统编码方法配以浅层语义处理技术如语义分类和词干挖掘等为主。Charniak 等人[12]在阅读理解任务中应用了词袋模型(Bag of Word，BOW)的变体——BOV(Bag of Verb)技术，该技术通过 BOW 来衡量相似性，但只看动词(从机器生成的句法解析树中获得)。通过 BOW 与 BOV 的结合，使得阅读理解任务提升了 2 到 3 个百分点。之后，研究人员开始将阅读理解形式化为一个有监督学习问题，提出一系列统计机器学习模型，这些模型通常使用分布式词向量将单词编码为连续低维向量。2015 年以后，分布式词向量已经广泛应用于机器阅读理解任务中，比如，Sachan 等人[73]研究了通过学习利用机器理解所需的答案结构来回答关于小说文本的问题，Narasimhan 等人[74]提出了一种将篇章信息整合到机器阅读理解中的新方法。

3.2.2　预训练的基于上下文的编码方法

前面第 2 章已经介绍过，尽管分布式词向量可以将词语编码至低维空间并反映不同词之间的语义相关性，但它们不能有效挖掘上下文信息，而后者往往决定着词义，特别是当一个词具有多种意思时。为解决这个问题，研究者们引入了基于上下文的字词嵌入表示，预先用大规模语料库进行模型预训练，然后可以像传统词向量一样直接使用或根据特定任务进行进一步微调。这可被看作是一种迁移学习——归纳式迁移学习。利用这些预训练的基于上下文的编码表示方法后，即使使用结构简单的神经网络模型，也常常可以在答案预测中获得十分良好的效果。下面介绍几种代表性的预训练模型在机器阅读理解系统中的应用情况。

1. CoVe

McCann 等人[64]将利用 GloVe 预训练的向量表示作为机器翻译模型中编码器的输入，得到的编码器输出就是上下文向量 CoVe，之后输入到动态互注意力网络(Dynamic Coattention Networks，DCN)[75]中的互注意力和动态指针模块中。使用 CoVe 的 DCN 在 SQuAD 数据集上表现要优于原始 DCN，这说明了基于上下文的词向量对提升下游任务表现具有贡献。但是，预训练 CoVE 需要大量的训练语料库，如果训练语料库不足，则其性能将出现下降。

2. ELMo

提出 ELMo 的 Peters 等人[66]将该模型应用到了机器阅读理解任务中，他们选择由 Clark 和 Gardner 提出的改进版 Bi-DAF[76]作为基线模型，在 SQuAD 数据集上，将单一模型的最佳效果记录提升了 1.4%。而且 ELMo 可以很容易地集成到现有模型中，在各种自然语言处理任务上都显示出卓越的性能。但是，它也在某种程度上受到 LSTM 提取长距依赖关系能力不足的限制。

3. GPT

Radford 等人[67]使用 GPT 来解决问答、语义相似性判断、机器阅读理解等多个自然语言处理任务并在 12 个常见的数据集上进行对比实验，结果表明，在其中的 9 个数据集上 GPT 都取得了当时最好的结果。针对多项选择任务(参见前面 1.3.2.5 小节)，Radford 等人将文章和问题与每个可能的答案拼接起来，并使用 Transformer 网络处理这些序列，最后在可能的答案上产生概率分布以预测正确答案。相比之前的技术，GPT 在 RACE[30]数据集上实现了 5.7% 的精度提升。鉴于在大规模数据集上预训练的基于上下文的表示方式能给下游任务带来效果提升，Radford 等人[77]之后又提出了 GPT-2，它是在大型语料库 WebText 上预先训练的，其 Transformer 架构层从 12 层增加到 48 层，模型参数超过了 15 亿。而且，单任务训练被多任务学习框架所取代，使得 GPT-2 更具生成性，即使在零样本学习中，这种改进版本也可以显示出优越性能。然而，GPT 和 GPT-2 中使用的 Transformer 架构是单向的(从左到右)，不能从两个方向捕获上下文，这可能是其主要缺点，并限制了在下游任务中的表现。

4. BERT

考虑到 GPT 等预训练模型中应用的单向序列模块(如 LSTM 和 Transformer)不能很好地提取上下文信息，Devlin 等[5]提出的 BERT 模型使用双向 Transformer 架构，在包括机器阅读理解在内的 11 个自然语言处理任务中，都超过了之前最好模型。BERT 对于机器阅读理解任务极具竞争力——只需将 BERT 与结构很简单的答案预测模块相结合，即可获得一个性能优良的阅读理解模型。模型输入由问题和文章组成，并用特殊符号"[SEP]"分隔，输入序列的第一个符号为特殊分类嵌入"[CLS]"，接着是词向量、分隔向量、位置向量之和；输出为每个符号对应的编码向量序列，可直接传入任务层。对于机器阅读理解来说，任务层通常为全连接层加 softmax 函数。因为答案由文本中的连续符号组成，所以预测答案的实质是确定答案开头和结尾符号在序列中的位置。值得注意的是，尽管 BERT 性能出色，但其预训练过程非常复杂耗时，在没有大量计算资源的情况下几乎不可能进行模型预训练或重训练（而非微调）。

3.2.3　多粒度编码

针对 Word2Vec、GloVe 等预训练词向量不能编码句法和语义信息（如词性、词缀和语法信息）的问题，一些研究者为了将细粒度的语义信息结合到单词表示中，引入了在不同粒度级别上对文章和问题进行编码的方法。

1. 字向量

字向量在字级别而非词级别进行编码表示。Seo 等[78]在他们提出的 Bi-DAF 模型中首次为机器阅读理解任务增加了字符向量，使用卷积神经网络将英文单词中的每个字符都嵌入到固定维度的向量中，该向量之后输入到一维卷积中，在对整个窗口内的卷积结果进行最大池化后，得到的输出可被看作字符向量，最后将所得字符向量和词向量拼接起来再输入到下一模块。此外，字向量也可以使用双向 LSTM[79, 80]进行编码，并将输出的隐状态序列中的每个单元（向量）视为字符级表示。除了将字向量和词向量进行简单拼接之外，还可以使用细粒度门控机制对二者进行动态组合，以缓解高频词和低频词之间的不平衡[81]。

2. 词性标签

词性（Part-of-Speech，POS）是根据句法功能、形态变化并兼顾词汇意义而划分的词的语法类别，如名词、形容词、动词。在自然语言处理任务中，词性标签（也即词的语法类别标签）可以表示单词的语义角色，并有助于消除歧义。要将词性标签转换为固定长度的向量，需要将它们当作向量型的变量，并在开始训练时随机初始化，之后在训练过程中进行动态更新。

3. 实体类别标签

命名实体是信息检索中的概念，指具有正确名称的现实世界对象，例如人、地点、组织等。当问及这些对象时，命名实体很有可能就是候选、甚至正确答案。因此，对文章中的命名实体进行编码可以提高答案预测准确性。编码命名实体标签的编码方法类似于上面提到的词性标签编码方法。

4. 问题、文章间的单词匹配情况

这一特征主要用来判断文章中的词是否出现在问题中，首次应用于 Chen 等人[82]提出的传统的以实体为中心的模型中。后来，一些研究者在嵌入模块中利用它来丰富单词表示。如果文中的词与问题中的词能够匹配，则此属性值为 1，否则为 0。针对英文阅读理解，Chen 等人[83]使用部分匹配来衡量文章单词和问题单词之间的相关性，例如，"**老师**"（teacher）可以与"**教学**"（teach）部分匹配。

5．问题类别

问题类别（即什么、何地、谁、何时、如何）通常可以为搜索答案提供线索。比如，问"何时"的问题更多地关注时间信息，问"谁"的问题通常关注命名实体。受此启发，Zhang 等人[84]提出了一种利用端到端模型对不同问题类别进行建模的方法。他们首先通过计算关键字频率来判别问题类型，然后将问题类型信息编码为独热向量并存储在表中。对于每个问题，他们查找表并使用前馈神经网络进行投影。问题类别向量通常被添加到问题词向量序列中。

上面介绍的五种语义信息表示方法可以在嵌入模块中自由组合。Hu 等人[79]在所提出的强化记忆阅读器中组合使用了词向量、字向量、词性标签、命名实体类别标签、（问题答案）匹配特征和问题类别向量等，将语法和语义信息合并到词表示中。他们的验证实验表明，丰富的词表示有助于提高答案预测准确性。

总的来说，字词嵌入是嵌入编码模块的核心，在此基础上融合更丰富语义信息的多粒度编码有助于提高模型性能。而基于上下文的动态词向量，则可以显著提高模型性能，它们既可以单独使用，也可以与其他表示结合使用。

3.3 特 征 提 取

特征提取模块通常在嵌入编码模块之后，用来提取文章和问题的特征。在嵌入编码模块编码的各种字词和语义信息的基础上，该模块进一步挖掘句子级的上下文信息。循环神经网络、卷积神经网络和自注意力机制在该模块中被广泛应用，将在这一部分给出详细说明。

3.3.1 基于循环神经网络的特征提取

第 2 章已介绍，循环神经网络（RNN）擅于处理序列数据。之所以称之为"循环"，是因为每个时间步长中的输出都取决于先前的计算结果。而且，RNN 的变体，即长短时记忆网络（LSTM）[67]和门控循环单元（GRU）[55]在捕获长距离依赖性方面要比原始 RNN 效果更好，并且可以缓解梯度爆炸和消失问题。

由于上文和下文在理解当前单词时起着同样重要的作用，因此许多研究人员利用双向 RNN 对机器阅读理解系统中的文章和问题进行编码。为方便下面描述，将文章向量和问题向量分别表示为 x_p 和 x_q。就问题而言，使用双向 RNN 的特征提取过程可以分为两类：词级别和句子级别。在词级别编码时，若将每个时间步长记为 j，则使用双向 RNN 提出的问题中每个词向量 x_{qj} 的特征向量可表示为：

$$Q_j = \overrightarrow{\text{RNN}}(x_{qj}) \| \overleftarrow{\text{RNN}}(x_{qj}) \tag{3.1}$$

其中， $\overrightarrow{\text{RNN}}(x_{qj})$ 和 $\overleftarrow{\text{RNN}}(x_{qj})$ 分别表示双向 RNN 产生的正向和反向隐状态，||表示向量拼接操作。这一过程具体的细节展示在图 3.3 中。

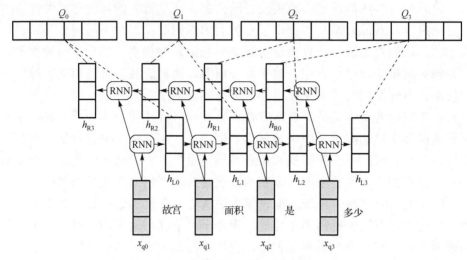

图 3.3　单词级别的问题编码

相反，句子级别的特征提取将问题句视为整体，提取过程可以表示为：

$$Q = \overrightarrow{\text{RNN}}(x_{q|l|}) \| \overleftarrow{\text{RNN}}(x_{q0}) \tag{3.2}$$

其中，|l|表示问题的长度， $\overrightarrow{\text{RNN}}(x_{q|l|})$ 和 $\overleftarrow{\text{RNN}}(x_{q0})$ 分别表示正向和反向 RNN 的最终输出。图 3.4 展示了句子级别的特征提取过程。

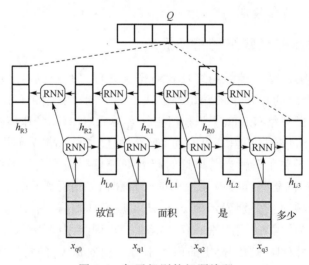

图 3.4　句子级别的问题编码

由于机器阅读理解任务中大多文章的长度较长，所以研究人员通常只针对其中的句子进行特征提取。与问题特征提取类似，在每个时间步长 i，对文章句子中的每个词(向量) $\boldsymbol{x}_{ci}$ 的特征提取过程可以表示为：

$$P_i = \overrightarrow{\text{RNN}(\boldsymbol{x}_{pi})} \| \overleftarrow{\text{RNN}(\boldsymbol{x}_{pi})} \tag{3.3}$$

值得注意的是，尽管 RNN 可以很好地建模序列信息，但由于需要按顺序针对输入序列中的每个单元进行计算，训练过程非常耗时，也不能进行并行处理。

3.3.2 基于卷积神经网络的特征提取

对于文本分析而言，一维卷积神经网络(CNN)可以利用滑动窗口来挖掘局部上下文信息。具体应用时，往往会使用多层 CNN，其中每个卷积层使用不同尺度的卷积核来提取不同大小窗口内的局部特征，然后将结果传输到池化层进行池化操作以降低维度，同时最大限度地保留重要信息。常用的池化方案包括对每个过滤器的输出取最大或求平均值。图 3.5 直观展现了特征提取模块如何使用 CNN 挖掘问题的局部上下文信息。

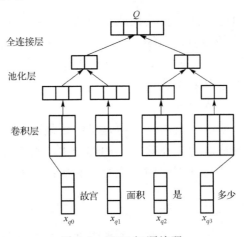

图 3.5　CNN 问题编码

在图 3.5 的示例中，给定问题的词向量矩阵(或者说词向量序列)为 $\boldsymbol{x}_q \in \mathbb{R}^{|l| \times d}$，其中 $|l|$ 表示问题长度(即所包含的词的个数)，d 表示词向量维度；卷积层有两个不同尺度的过滤器 $f_t \times d (\forall t = 2,3)$，其输出通道的个数为 k。每一个过滤器产生大小为 $(|l| - t + 1) \times k$ 的特征图谱(填充为 0，步长为 1)，经池化后生成 k 维向量。之后两个 k 维的向量进行拼接产生 $2k$ 维的向量来表示问题 Q。

尽管 n-gram 模型和 CNN 都可以关注句子的局部特征，但 n-gram 模型中的训练参数量会随着词汇量增大而呈指数增长。相比之下，CNN 可以以更紧凑和有效的方式提取局部信息而不受词汇量大小变化的影响，这是因为 CNN 不需要表示词汇表中的每个 n-gram。此外，CNN 可以并行训练，比 RNN 更快。CNN 的一个主要缺点是它们只能提取局部信息，而不能处理长距离依赖关系。

3.3.3　基于多头自注意力的特征提取

由 Yu 等人[85]提出的 QANet 模型是使用 Transformer 的代表性机器阅读理解模型，它将 Transformer 中定义的多头自注意力机制与卷积运算相结合。实验结果表明，QANet 在 SQuAD 上的效果与基于 RNN 模型的表现不相上下，且训练和推理速度更快。

前面 2.6.3 节简介过 Transformer 模型，并已提到，它可以支持并行计算，从而提高计算速度。实际上，Transformer 还可以捕获长距依赖。此外，CNN 也是高度并行化的，可以通过不同大小的特征图谱来高效获得丰富的局部信息。

3.4　文章-问题交互

通过挖掘文章和问题之间的相关性或者说对应关系，模型可以找到回答问题的线索。受到 Hu 等人[79]的启发，根据这一模块中采用的文章和问题交互方式不同，可将现有工作划分为一次交互和多次交互两种类型。无论使用哪种交互方式，注意力机制在这一模块都起着至关重要的作用，因为利用它可以藉由训练语料挖掘出文章中哪些部分对于回答问题更为重要。

在机器阅读理解任务中，根据注意力是单向还是双向使用，注意力机制可以分为单向注意力和双向注意力。在接下来的部分中，将首先介绍根据所使用的注意力机制分类的方法，然后分别说明一次交互和多次交互。

3.4.1　单向注意力

单向注意力通常是从文章到问题，用来强调文章中与问题最相关的部分。一般认为，文章中的某一部分和问题越相似，则这一部分越有可能是答案。如图 3.6 所示，文章中每个词的语义编码 P_i 和整个问题句的语义编码 Q 的相似度通过 $s_i = f(P_i, Q)$ 计算，其中 $f(\cdot, \cdot)$ 表示度量相似度的函数。利用式 (3.4) 所示的 softmax 函数进行归一化后，可获得文章中每个词的注意力权重 a_i，利用这些注意力权重，机器阅读理解系统最终可以进行答案预测。

$$\alpha_i = \frac{\exp S_i}{\sum_j \exp S_j} \tag{3.4}$$

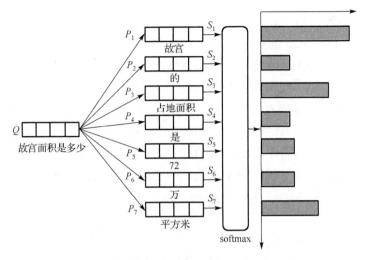

图 3.6 使用单向注意力进行文章-问题交互示意图

不同的模型使用的相似度度量函数 $f(\cdot, \cdot)$ 的定义往往不同。在 Hermann 等人[1] 提出的注意力阅读器(Attentive Reader)中，为衡量文章中哪些词对于问题回答更为重要，一个如下定义的 tanh 层被用来计算文章和问题之间的相似度：

$$S_i = \tanh(W_P P_i + W_Q Q) \tag{3.5}$$

其中，W_P 和 W_Q 是可训练的权重参数。

在 Hermann 等人工作的基础上，Chen 等人[86]用如式(3.6)所示的双线性函数代替了 tanh 函数：

$$S_i = Q^\top W_s P_i \tag{3.6}$$

相比于 Attentive Reader 使用点积计算问题与文章的相似度，这更为简单、有效。

单向注意力机制可以突出文章中对于回答问题最重要的部分，但这种方法忽略了问题中包含的词常常对于回答问题同样重要。因此，单向注意力对于抽取文章和问题之间的交互信息还显得不够充分。

3.4.2 双向注意力

考虑到单向注意力机制的局限性，一些研究者引入了双向注意力机制，它不仅计算问题对文章的注意力，还计算反向注意力，即文章对问题的注意力。这种方式中，文章和问题可以互为补充，从而更好地进行交互。图 3.7 展示了计算文章和问题间双向注意力的过程。首先，通过计算文章中每个词的语义编码 P_i 和问题中每个词的语义编码 Q_j 来构造相似度矩阵 $M(i, j)$，问题到文章的注意力权重 α 是按列求 softmax 的结果，而文章到问题的注意力 β 则为按行求 softmax 的结果。

　　双重注意力阅读器(Attention-over-Attention Reader，AoA Reader)、动态互注意力网络(Dynamic Coattention Network，DCN)和双向注意力流网络(Bidirectional Attention Flow，Bi-DAF)是典型的使用双向注意力的机器阅读理解模型。在 AoA Reader 中，Cui 等人[87]利用点积来计算文章和问题中每个词嵌入的相似度，以此获得相似度匹配矩阵 $M(i, j)$。问题到文章的注意力以及文章到问题的注意力的计算方法同样如图 3.7。为了将两个方向的注意力结合起来，CAS Reader[88]采用了求和或者求平均之类的简单的启发式方法，与此不同，Cui 等人提出了带有注意力的注意力权重，计算 α 和 β 的平均值的点积，其结果被直接用于预测答案。

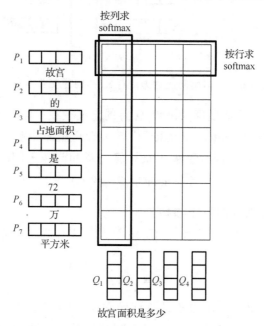

图 3.7　使用双向注意挖掘上下文与问题之间的相似性

　　为了同时关注文章和问题，Xiong 等人[75]在其 DCN 中利用如下方式结合两个方向的注意力：

$$C = \alpha[Q; \beta P] \tag{3.7}$$

其中，C 可以被看作是同时包含了文章和问题注意力信息的互注意力表示。后来，Xiong 等人[89]又提出了 DNC 的扩展版本 DCN+，使用残差连接来融合互注意力的输出，从而将更丰富的信息编码到输入序列中。与 AoA Reader 不同，Xiong 等人进一步计算了带有双向注意信息的文章表示，而不是直接利用注意力权重来预测答案，这样可以更好地挖掘文章和问题的相关性。与 AoA Reader 和 DCN 这两个模型直接对两个方向的注意力进行求和不同，Seo 等人[78]提出的 Bi-DAF 让注意力向量流进另一个 RNN 层来编码带有问题注意力的文章表示，这可以缓解过早求和带来的信息损失。更具体来说，获得了问题到文章的注意力权重 α 和文章到问题的注意力权重 β 后，Seo 等人按如下方法计算带有注意力的文章向量 $\tilde{P}$ 和带有注意力的问题向量 $\tilde{Q}$：

$$
\begin{aligned}
\tilde{P} &= \sum_i \alpha P_i \\
\tilde{Q} &= \sum_j \beta Q_j
\end{aligned}
\tag{3.8}
$$

之后再将文章向量和注意力向量进行简单拼接：

$$
G = [P; \tilde{Q}; P \circ \tilde{Q}; P \circ \tilde{P}]
\tag{3.9}
$$

这里，$\circ$ 表示点积，G 可以看作是带有问题注意力的文章表示，之后被传给双向 LSTM 进行进一步编码。

总之，早期的机器阅读理解系统通常利用单向注意力机制，特别是问题到文章的注意力，以突出文章中哪一部分对于回答问题更为重要。但是，单向注意力不足以提取文章和问题之间的交互信息。后来，双向注意力被广泛应用于克服单向注意力的缺点，它可以很好地挖掘文章和问题之间的相关关系，并输出融合了文章和问题交互信息的注意力表示。

3.4.3　一次交互

一次交互是一种浅层结构，在这种结构中文章和问题的交互只计算一次。在早期，许多机器阅读理解系统中文章和问题的交互都使用这种一次交互结构，例如 Attentive Reader[1]、Attention Sum Reader[90]、AoA Reader[87]等。虽然这些方法可以很好地处理简单的完形填空类任务，但是当问题需要对文章中的多个句子进行推理时，一次交互往往就很难给出正确答案。

3.4.4　多次交互

与一次交互相比，多次交互更为复杂，其基本思路是：通过多次计算问题和文章之间的相关关系，来模仿人类带着对文章和问题的记忆进行重复阅读的行为。在交互过程中，能否有效存储之前的状态信息常常影响着下一次交互效果。

实现多次交互的方法主要有以下三种：

第一种方法基于之前计算的带有问题注意力的文章表示来计算之后文章和问题的相似度。在 Hermann 等人[1]提出的 Impatient Reader 模型中，阅读每一问题词之后，带有问题注意力的文章表示通过上述方式进行更新。这就模拟了人类带着问题信息重复阅读文章的过程。

　　第二种方法引入外部记忆槽来存储先前的记忆。代表性模型是由 Weston 等人[91]提出的记忆网络，它可以显式存储长期记忆，并且能轻松读取记忆内容。通过这种机制，机器阅读理解模型可以通过多次交互来更深入地理解文章和问题。在给定文章作为输入后，记忆机制将文章信息存储到记忆槽中并动态更新它们。进一步，通过找出与问题最相关的记忆，并根据需要将其转化为答案表示，来实现问题回答。虽然这种方法可以克服记忆不足的缺点，但网络难以通过反向传播进行训练。为解决这个问题，Sukhbaatar 等人[92]后来提出了端到端记忆网络。与之前的版本相比，显式记忆存储被编码为连续向量。此外，读取和更新记忆的过程由神经网络建模。这种扩展可以减少训练过程的监督并适用于更多任务。记忆网络能多轮更新记忆的特点使其广泛应用于机器阅读理解系统中。Pan 等人[93]提出了MEMEN 模型，将带有问题注意力的文章表示、带有文章注意力的问题表示和候选答案表示存储在记忆槽中并进行动态更新。同样，Yu 等人[94]使用外部记忆槽来存储带有问题注意力的文章表示，并使用双向 GRU 对记忆进行更新。

　　第三种方法利用 RNN 的递归特性，使用其隐状态来存储之前的交互信息。Wang 和 Jiang[95]提出使用 Match-LSTM 结构来递归式地执行多轮交互。这一模型最初应用于文本蕴含任务，在引入机器阅读理解任务后，它可以模拟人类带着问题信息进行文章阅读的过程。首先，使用标准的注意力机制来获取文章和问题的注意力权重。在计算了问题词和注意力权重的点积之后，模型将其和文章中的词进行拼接并输入给 Match-LSTM 模型来获得带有问题注意力的文章表达。同样，这个过程也反方向进行，以此来充分编码上下文信息。最终，两个方向的Match-LSTM 的输出拼接在一起，输入给答案预测模块。除此之外，R-Net[96]和迭代交替阅读器 (Iterative Alternating Reader，IA Reader)[97]也利用 RNN 来执行多次交互、动态更新带有问题注意力的文章表达。

　　在挖掘文章和问题的相关性时，一些早期工作会平等对待每篇文章和每个问题中的词。但事实上，为了更有效地挖掘相关性，文章和问题中重要的部分应该给予足够重视。门控机制可以控制文章和问题之间的交互信息量，它是多轮交互中的关键组成部分。在 Dhingra[98]等人提出的门控注意力阅读器 (Gated-Attention Reader，GA Reader)中，使用门控机制来决定更新上下文表示过程中问题信息对文章单词注意力的影响。这种门控注意力机制通过问题词向量和上下文中间状态表示的多次点积来实现。与 GA Reader 不同，上面介绍的 IA Reader[97]会对问题和文章的表示都进行更新。问题表示由之前问题状态进行更新，而文章表示则依据之前的推理信息和当前问题进行更新。随后，由前馈神经网络实现的门控机制，被用来决定文章和问题的匹配程度。这种机制可以从文章和问题的交互中挖掘回答问题所需的线索。前述模型忽视了文章中的单词对于回答不同问题的重要性不同的事实。对此，Wang 等人[96]引入门机制来过滤掉原文中不重要的部分，并在其 R-Net 模型中强调与问题最相关的部分。该模型可以被视为基于注意力的循环网络的一种变体。与 Match-LSTM[95]相比，它引入了基于当前文章表示和(基于文章感知的)问题表示的附加门机制。此外，基于 RNN 的模型由于记忆有限，不能很好地处理长文档，Wang 等人扩充了文章内部的自注意力机制。该机制可以基于整篇文章和问题的互信息来动态更新文章表示。

总结来说，一次交互往往难以充分发掘理解文章和问题之间的相关性。相反，带有之前文章和问题记忆的多轮交互可以更深层次的挖掘文章和问题的相关性，从而获得预测答案所需的更多线索。

3.5　答 案 预 测

这一模块通常位于机器阅读理解系统的最后，它根据所给文章集合给出问题答案，其实现途径往往视具体任务而定。鉴于机器阅读理解任务按照答案形式的不同可分为答案在文章中和答案不在文章中两大类，所以接下来将区分这两种不同类型的阅读理解任务，对答案预测相关的技术方法进行详细说明。

3.5.1　答案在文章中

前面 1.3 节已经讨论过，对于可以在所给文章集合中某一篇或某一些文章中找到问题答案的情况，进一步按照输入中是否提供了候选答案，可细分为有候选答案和无候选答案两个子类。

3.5.1.1　有候选答案

对于有候选答案的机器阅读理解任务，模型只需要从候选中选择正确答案即可。按照正确答案的个数不同，该任务可以再细分为单项选择和多项选择两个子类，分别对应于候选答案中只有一个正确和两个及以上正确两种情况。

1.　单项选择

要解决单项选择任务，模型应只需要从候选答案选项中选择一个认为正确的答案。常用的方法是测量带有注意力的文章表示和候选答案表示之间的相似性，并选择最相似的候选答案作为正确答案。Chaturvedi 等人[99]利用 CNN 编码(问题-选项)元组和相关的文章句子，然后利用余弦距离来度量它们之间的相关性，并选择最相关的选项作为答案。Zhu 等人[100]引入了选项信息来帮助提取文章和问题之间的相似性。在答案预测模块中，他们使用双线性函数根据注意力信息对每个选项进行评分，得分最高的作为预测答案。在卷积空间注意力模型(Convolutional

Spatial Attention，CSA）中，Chen 等人[83]使用点积计算问题感知的候选表示、带有注意力的文章表示和自注意力的问题表示之间的相似性，以求充分提取文章、问题和选项之间的相关性。将这些不同的相似性连接在一起，输入到具有不同大小卷积核的 CNN 中，CNN 的输出被视为特征向量并被输入到全连接层以计算每个候选的分数。最后，以得分最高的候选作为预测答案。

2. 多项选择

在多项选择任务中，模型不仅需要测量文章表示和候选答案表示之间的相似性，还需要从候选答案选项中选择两个以上的正确答案。现有机器阅读理解数据集多是单项选择，但实际应用中多项选择的情况十分常见。比如以下例子：

例 3.1

文章：一个飞碟先后在一月和三月在我们的城市中观测到。

问题：飞碟在 ＿＿＿＿被观测到。

候选：A．一月　B．二月　C．三月　D．四月

在这个例子中候选答案包括一月和三月，它们都是正确答案，如果模型只选择最相似的答案，并不能满足实际需要。类似的，现有的机器阅读理解模型大多假设文档中最多只有一个答案能回答问题，而没有考虑如何处理有多个答案问题的情况，这样会导致模型的预测结果有所遗漏。为解决该问题，Hu 等人[101]通过增加一个预测答案数目的分类子任务，实现多答案抽取。Efrat 等人[102]结合了机器阅读理解和命名实体识别两种任务，通过将多答案问题转化成序列标注问题，实现答案及答案数目的预测。

3.5.1.2　无候选答案

对于无候选答案的机器阅读理解任务，模型需要自行生成答案，按照答案生成的典型途径又可细分为片段抽取和推理加工两个子类。片段抽取通常对应于某篇文章的片段即答案的情况，而推理加工则对应于答案无法直接在文章中找到，而要对文章内容进行推理加工来生成答案的情况。

1. 片段抽取

片段抽取需要从文章中抽取子序列而不是单个词作为答案。受到指针网络[103]启发，Wang 和 Jiang[95]提出了序列模型和边界模型这两种不同模型。序列模型的输出是答案词出现在原文中的位置，其答案预测过程类似于序列到序列（Seq2Seq）模型的解码过程，连续选择具有最高概率的词直到出现答案生成停止标记。通过此方法获得的答案被视为来自输入文章的序列，它可能不是连续的也不能确保是原文的子序列。边界模型可以解决这个问题，它只预测答案的开始和结束位置。

边界模型更为简单，在 SQuAD 上表现也更好，并成为片段抽取任务的首选方案而被广泛用于其他机器阅读理解模型中。

有时，文章中可能存在多个看似合理的答案片段，而边界模型可能会根据局部最大值而提取错误答案。对此，Xiong 等人[75]提出了一种动态指针解码器，通过多次迭代来选择答案片段。该方法利用 LSTM，基于上一时刻预测得到的答案表示来预测当前时刻的答案开始和结束位置。为了计算文章中各单词是答案开始和结束位置的似然度，Xiong 等人提出了融合 Maxout Networks[104]和 Highway Networks[105]的 HMN（Highway Maxout Networks），根据不同问题类型，如"what""why""when"等，和文章主题使用不同模型。

2. 推理加工

有时候，答案不再局限于原文中的子片段，而需要根据原文和/或问题来推理合成，常常也把这类任务称为自由作答任务。这时，答案表示可能不同于给定文章中的线索片段，或者答案可能来自于不同段落甚至不同文章。自由作答任务的答案形式限制最少，但反过来，该任务对答案预测模块提出的要求也最高。为了应对这一挑战，需要引入一些推理加工方法来生成问题答案。

由 Tan 等人[106]提出的 S-Net 引入了答案生成模块，以满足自由作答任务的要求，其答案不局限于原文。它遵循"抽取然后合成"的过程。抽取模块是 R-Net[96]的变体，而生成模块则采用了序列到序列结构。具体来说，在编码器中，双向 GRU 被用于产生文章和问题表示，并将由片段抽取模块预测的线索片段的开始和结束位置添加到文章表示中作为附加特征。在解码器中，GRU 的状态由先前的文章表示和带有注意力的中间信息来更新，在经过 softmax 函数之后，输出即为合成答案。

推理加工模块的引入成功弥补了片段抽取模块的不足，并产生了更灵活的答案。但是，现有方法生成的答案可能会存在语法错误或者不合逻辑的问题。因此，通常使用生成和抽取相结合的方法来为彼此提供补充信息。例如，在 S-Net 中，抽取模块首先标记答案范围的近似边界，而生成模块则基于此近似边界生成不局限于原文子片段的答案。在现有机器阅读理解系统中，生成方法并不常见，因为大多数情况下抽取方法已经具有不错的表现,而且答案需要合成的数据集还不多。

3.5.2 答案不在文章中

答案不在文章中，即文章集合的任意文章或文章片段均不包含答案。上述针对答案在文章中所提出的方法，潜在假设了给定的原文中始终存在正确的答案，并不满足此类任务的要求。

为了解决答案不在文章中的问题，以 SQuad2.0[31]为代表的包含无法回答问题的机器阅读理解数据集开始出现，这些数据集通过增加不能作答的问题，以提高任务难度，使其与实际应用更加接近。为了解决此类问题，模型应该首先判断哪些问题不能仅仅根据原文来回答，并将这些问题标记为不能作答。其次，为了避免貌似正确的答案的影响，模型还需对预测的答案进行验证并识别出假答案。作为机器阅读理解中的新兴趋势，我们将在 6.2 节中进一步讨论此类任务。

3.6　其他方法

尽管前面提出的基于深度学习的阅读理解模型的基本框架具有较好普适性，但也有一些如强化学习、答案排序、句子选择在内的方法不能纳入其中，将在本节加以介绍和分析。

3.6.1　强化学习

目前大多数机器阅读理解模型在训练过程中仅使用了最大似然估计，这就导致优化目标与评价指标之间存在脱节，特别是，和标准答案意思一样或有一部分词语重合却没有出现在标注位置的预测答案将被这些模型忽略。此外，当答案跨度太长或边界模糊时，模型也无法抽取正确答案。由于精确匹配(EM)、F1 分数这样的机器阅读理解精度评价指标是不可求导的，为了解决上述问题，一些研究人员将强化学习引入到训练过程中。Xiong 等人[89]和 Hu 等人[79]都将 F1 得分作为激励函数，并将最大似然估计和强化学习视为一个多任务学习问题。该方法既可以考虑文本相似性也能利用标注位置信息。

强化学习还可以用来确定是否停止交互过程。上面介绍的多次交互方法通常会预先设置交互次数。然而，当人们回答问题时，如果已有足够线索可以给出答案，他们就会立即停止阅读。终止状态设置与给定文章和问题的复杂性高度相关。为了根据文章和问题来动态停止交互过程，Shen 等人[107]在他们的 ReasonNets 中引入了终止状态。如果该状态的值等于 1，则模型停止交互并将线索输入到答案预测模块以给出答案，否则 ReasonNets 通过计算中间状态与输入文章和问题之间的相似性来继续交互。由于终止状态是离散的，并且在训练时不能直接使用反向传播算法，因此使用强化学习来通过最大化样本的期望奖励来训练模型。

总而言之，强化学习可以被视为机器阅读理解系统中的一种改进方法，它不仅能够缩小优化目标和评价指标之间的差距，还能够动态确定是否停止推理。通过强化学习，即使某些状态是离散的，也可以训练模型，并提炼出更好的答案。

3.6.2 答案排序

为了验证预测答案是否正确,一些研究引入了答案排序模块。一般过程是,先抽取出若干个候选答案,之后选择具有最高排序得分的答案作为正确答案。

Trischler 等人提出的 EpiReader[108]将指针方法与排序器结合起来。首先使用类似于 AS Reader[90]的方法,选择一些具有最高注意力权重得分的单词作为候选答案。然后,将这些候选项提供给推理器组件,该组件将候选项插入问题序列中的占位符处,并计算它们成为正确答案的概率,选择概率最高的作为正确答案。

为了抽取具有可变长度的候选答案,Yu 等人[109]提出两种方法:第一种方法,他们捕获训练集中答案的词性模式,并在给定段落中选择可以匹配这些模式的子序列作为候选项;另一种方法是从原文中列出固定长度内所有可能的答案片段,获得答案候选集后,Yu 等人计算它们与问题表示的相似性,并选择相似度最高的作为答案。

通过排序模块,可以在一定程度上提高答案预测的正确性。这种方法也启发了一些研究者在处理根据给定文本不能回答的问题时加入排序模块。

3.6.3 句子选择

实际上,如果给机器阅读理解模型输入一个篇幅很长的文档,那么完整理解原文来回答问题将非常费时。提前找到与问题最相关的句子可以有效加速后续过程。出于这个动机,Min 等人[110]提出句子选择器来找出回答问题所需的最小句子集合。句子选择器采用的是序列到序列结构,包含用于计算句子编码和问题编码的编码器,以及用于通过衡量句子和问题之间相似性来计算每个句子分数的解码器。如果得分高于预定阈值,则选择该句子输入到机器阅读理解系统。通过这种方式,根据不同的问题,所选择的句子数量是动态的。

与没有句子选择器的机器阅读理解系统相比,具有句子选择器的系统能够在获得相同或更好的准确性的前提下,有效减少训练和推理时间。

3.7 本 章 小 结

本章介绍了机器阅读理解系统的基本框架,将机器阅读理解系统分为嵌入编码、特征提取、文章-问题交互和答案预测四个模块,并对各个模块进行了方法总结,为后续即将介绍的机器阅读理解经典模型提供了理论基础。本章最后还介绍了一些基本框架之外的方法,这些方法可以作为基本框架的补充,来提升机器阅读理解系统的性能。

第 4 章 代表性模型

第 3 章介绍了基于深度学习的机器阅读理解的基本框架，以及框架中的各模块。但是，框架是现有模型的归纳抽象，属于基于"特殊"得到的"一般"。而对初学者、甚至一些熟手来说，这种抽象和分解可能让他们很难形成或者破坏他们对特定模型的整体认识。为强化读者对现有模型，及它们与基本框架的对应关系的认识，本章介绍 7 种堪称最具代表性的阅读理解模型，并对它们进行对比分析。

4.1 Match-LSTM：基于指针网络的边界模型

Match-LSTM 模型由 Wang 等人[95]于 2016 年提出，是第一个在 SQuAD 数据集上测试的端到端神经网络模型，主要结构包括两部分：Match-LSTM 和 Pointer-Net(指针网络)，并针对 Pointer-Net 设计了两种使用方法，即序列模型 (Sequence Model)和边界模型(Boundary Model)，见图 4.1。最终训练效果好于原数据集发布时附带的手动抽取特征+线性回归模型。接下来我们按第 3 章提出的基于深度学习的机器阅读理解模型的基本框架，对 Match-LSTM 模型进行解构。

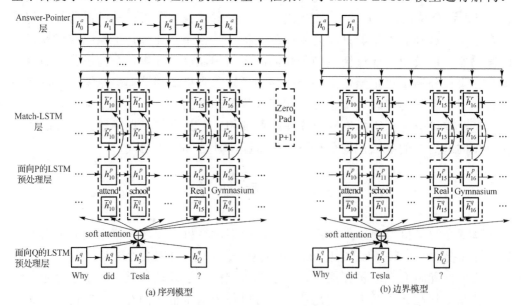

图 4.1 Match-LSTM 模型框架

LSTM 预处理层：该层主要用来编码原文以及问题的上下文信息。首先用词向量表示问题和(文章)段落，再使用单向 LSTM 编码问题和段落，得到隐藏层表示。这里直接使用单向的 LSTM，每一个时刻的隐藏层向量输出只包含左侧上下文信息。

$$H^P = \overrightarrow{\text{LSTM}}(P), H^Q = \overrightarrow{\text{LSTM}}(Q) \tag{4.1}$$

其中，P 和 Q 分别表示段落和问题。

Match-LSTM 层：这一层的主要作用是获得问题和段落的交互信息。首先获取段落中每一个单词对于问题的注意力权重，Match-LSTM 中权重的计算方式如下：

$$\vec{G}_i = \tanh(W^q H^q + (W^p h_i^p) + (W^r \vec{h}_{i-1}^r + b^p) \otimes e_Q) \tag{4.2}$$

$$\vec{\alpha}_i = \text{softmax}(\boldsymbol{w}^\top \vec{G}_i + b \otimes e_Q) \tag{4.3}$$

这里 $\otimes$ 表示外积。然后将该注意力权重向量与问题编码相乘求和，获得段落中每个单词基于问题的新的表示方式。再与段落中每个单词的编码向量做拼接，最后将新的段落表示输出到 LSTM 网络中，每个位置上就都具有问题信息、上下文信息(比上一层更丰富的上下文信息)。

$$\vec{z}_i = \begin{pmatrix} h_i^p \\ H^q \vec{\alpha}_i^{\mathrm{T}} \end{pmatrix} \tag{4.4}$$

$$\vec{h}_i^r = \overrightarrow{\text{LSTM}}(\vec{z}_i, \vec{h}_{i-1}^r) \tag{4.5}$$

为了进一步捕捉到更丰富的上下文信息，再增加一个反向 Match-LSTM 网络。最终，只需要将正向 Match-LSTM 输出的隐藏层向量和反向 Match-LSTM 输出的隐藏层向量拼接起来即可。

$$H^r = \begin{pmatrix} \vec{H}^r \\ \tilde{H}^r \end{pmatrix} \tag{4.6}$$

Answer-Pointer 层：该层主要用来从原文中选取答案，这里将 Match-LSTM 层的输出作为这一层的输入，其输出为答案(首尾位置预测结果)。在预测最终答案时有两种模式：一种是序列模型，即不做连续性假设，预测原文中每个词条是答案词条的概率；另一种是边界模型，直接预测答案在原文中起始和结束位置。

(1)序列模型：序列模型不限定答案的范围，既可以连续出现，也可以不连续出现，因此需要输出答案每一个词语在原文中的位置。又因答案长度不确定，因此输出的向量长度也不确定，需要手动制定一个终结符。假设段落长度为 $|P|$，则终结符位置为 $|P|+1$。对于 Pointer-Net 网络，实质上仍然是一个注意力机制的应用，只不过直接将注意力向量作为匹配概率输出。

$$F_k = \tanh(V\widetilde{H^r} + (W^a h^a_{k-1}) + b^a) \otimes e_{p+1}) \tag{4.7}$$

$$\beta_k = \mathrm{softmax}(V^\top F_k + c \otimes e_{p+1}) \tag{4.8}$$

将上一层得到的编码 H^r 与权重 β_k 求内积，得到答案中第 k 个单词的表示：

$$h^a_k = \overrightarrow{\mathrm{LSTM}}(\widetilde{H^r}\beta^\top_k, h^a_{k-1}) \tag{4.9}$$

答案序列的概率计算公式如下：

$$p(a\,|\,H^r) = \prod_k p(a_k\,|\,a_1, a_2, \cdots, a_k, H^r) \tag{4.10}$$

(2)边界模型：边界模型直接假设答案在段落中连续出现，因此只需要输出起始位置和终止位置即可。基本结构同序列模型，只需要将输出向量改为两个，并去掉终结符。

4.2　R-NET：自注意力门控机制

R-NET 模型由 Wang 等人[96]在 2017 年提出。模型最特别的地方在于提出了一种自匹配注意力机制，通过匹配整篇文章自身来改进表示，有效地编码了整篇文章的信息。R-NET 模型的结构如图 4.2 所示，由四部分组成：问题文章编码层、问题文章匹配层、文章自匹配层和结果输出层，基本对应前面第 3 章介绍的框架中的嵌入编码、特征提取、文章-问题交互和答案预测四个模块。下面结合第 3 章提出的机器阅读理解模型的基本框架，来对 R-NET 模型进行进一步解构。

问题文章编码层：R-NET 的第一层为表示层，用分布式词向量和字向量相结合的方式来编码文章和问题中的单词。词向量 x_w 用预训练好的 Word2Vec 词向量进行初始化，在训练过程中保持固定；字向量 x_c 用预训练好的 Glove 字向量进行初始化，在训练过程中可变。将文章和问题中的词向量 x_w 及字向量 x_c 拼接后输入双向循环神经网络，最终得到文章、问题互相独立的表示编码 u^Q_t 和 u^P_t。

问题文章匹配层：通过编码层得到文章和问题的独立表示 u^Q_t 和 u^P_t 后，R-NET 在这一层提出一种基于门控注意力的循环神经网络，它是基于注意力的循环神经网络的一种变体，带有一个额外的门控机制来确定文章中哪些部分对于回答问题更为重要，得到问题意识下的文章语义理解 v^P_t。

$$v^P_t = \mathrm{RNN}(v^P_{t-1}, c_t) \tag{4.11}$$

其中，$c_t = \mathrm{att}(u^Q, [u^P_t, v^P_{t-1}])$ 是问题 Q 的注意力加权向量。

R-NET 又基于 Match-LSTM[95]和门控机制对以上方法提出两点改进，一是把 u^P_t 也输入到循环神经网络中：

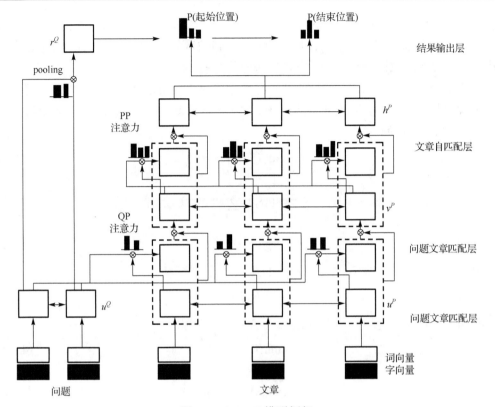

图 4.2　R-NET 模型框架

$$v_t^P = \text{RNN}(v_{t-1}^P, [u_t^P, c_t]) \tag{4.12}$$

二是在 $[u_t^P, c_t]$ 上也加入门控机制，以便更好地提取和文章有关的问题信息，即：

$$g_t = \text{sigmoid}(W_g[u_t^P, c_t]) \tag{4.13}$$

$$[u_t^P, c_t]^* = g_t \circ [u_t^P, c_t] \tag{4.14}$$

这里 $\circ$ 表示点积。

文章自匹配层：不同于上一层将问题 Q 和文章 P 作对比，考虑到文章中的部分答案片段和问题信息并不直接相关，而篇章信息对于答案抽取则显得尤为重要，所以在 R-NET 中，这一层利用自注意力机制将带有问题感知的篇章和其本身作对比，从而将当前的文章单词和问题信息融合到统一的文章向量表示中去。在具体实现方式上，与上一层一样，也是采用了门控循环网络加上注意力机制，计算公式如下：

$$h_t^P = \text{BiRNN}(h_{t-1}^P, [v_t^P, c_t]) \tag{4.15}$$

其中，$c_t = \text{att}(v^P, v_t^P)$ 是文章 P 的注意力加权向量。在基于门控注意力的循环网络中，一个附加的门被应用于 $[v_t^P, c_t]$ 以自适应地控制循环网络的输入。自匹配注意力是从整篇文章中根据当前的文章单词和问题信息提取证据。

结果输出层：R-NET 模型输出的是答案在文章中的起始位置和结束位置，这一过程借鉴了指针网络[103]的思想。结果输出层预测的答案起始位置 p^1 和结束位置 p^2，计算公式如下：

$$s_j^t = v^\top \tanh(W_h^P h_j^P + W_h^a h_{t-1}^a) \tag{4.16}$$

$$a_i^t = \exp(s_i^t) / \sum_{j=1}^{n} \exp(s_j^t) \tag{4.17}$$

$$p^t = \text{argmax}(a_1^t, \cdots, a_n^t) \tag{4.18}$$

其中，h_{t-1}^a 表示循环网络(指针网络)的最后一个隐藏状态：

$$h_t^a = \text{RNN}(h_{t-1}^a, c_t) \tag{4.19}$$

在预测答案起始位置时，h_{t-1}^a 通过如下方式计算获得：

$$s_j = v^\top \tanh(W_u^Q u_j^Q + W_v^Q V_r^Q) \tag{4.20}$$

$$a_i = \exp(s_i) / \sum_{j=1}^{m} \exp(s_j) \tag{4.21}$$

$$h_{t-1}^a = \sum_{i=1}^{m} a_i u_i^Q \tag{4.22}$$

根据第 3 章提出的机器阅读理解模型的基本框架，R-NET 模型中的问题文章编码层对应于嵌入编码模块，问题文章匹配层和文章自匹配层对应于问题-文章交互模块，而结果输出层对应于答案预测模块。

4.3　Bi-DAF：双向注意力流

Bi-DAF 模型由 Seo 等人[78]在 2017 年提出，其最大的特点是，在问题-文章交互模块中使用了双向的注意力流，从而更充分地提取问题和文章的交互信息。如图 4.3 所示，Bi-DAF 模型包括字向量层、词向量层、上下文编码层、注意力流层、建模层和输出层共六层，我们将按照第 3 章提出的机器阅读理解模型基本框架，对 Bi-DAF 进行解构。

嵌入编码：Bi-DAF 模型在嵌入编码层使用了分布式词向量和字向量相结合的

多粒度编码方式。词向量 $\boldsymbol{x}_w$ 使用预训练好的 GloVe 词向量进行初始化，并在训练过程中保持固定；字向量 $\boldsymbol{x}_c$ 使用基于字符的卷积神经网络进行训练，将词中的每一个字通过一维卷积操作和最大池化，以此获得固定大小的字向量 $\boldsymbol{x}_c$。将词向量 $\boldsymbol{x}_w$ 和字向量 $\boldsymbol{x}_c$ 拼接后通过一个两层的高速网络（Highway Network），最终得到词 w 对应的嵌入编码 $[\boldsymbol{x}_w; \boldsymbol{x}_c]$。

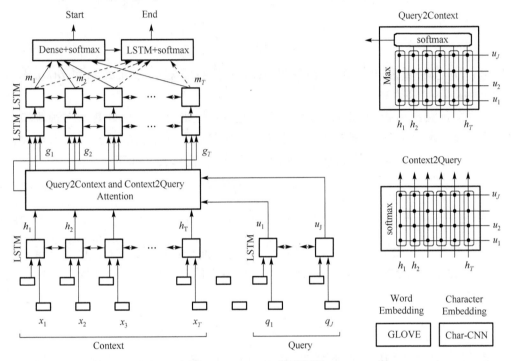

图 4.3 Bi-DAF 模型框架

特征提取：Bi-DAF 模型使用双向 LSTM 进行上下文的特征提取。首先将嵌入编码层获得的向量表示分别输入双向 LSTM，以挖掘二者中词语间的依赖关系，然后拼接双向 LSTM 的输出得到文章和问题的互相独立的表示编码 C 和 Q。

文章-问题交互：Bi-DAF 在文章-问题交互时使用了双向注意力流机制。不同于此前广受欢迎的注意力机制,注意力流层不再将文章和问题视为单个特征向量，而是将每一时间步中的注意力向量及前一层的输入向量，都输入到后续建模层，首先计算文章中的词和问题词的相似度，将其表示为相似度矩阵 S：

$$\boldsymbol{S} = \alpha(C, Q) \tag{4.23}$$

此处利用 $\alpha(h, u) = w_{(s)}^{\top}[h; u; h \circ u]$ 来计算相似度， $w_{(s)}$ 是可训练变量。然后，利用相似度矩阵 $\boldsymbol{S}$ 来计算文章对问题的注意力：借助 softmax 函数对矩阵 $\boldsymbol{S}$ 中的每一行

进行归一化，得到注意力权重向量 a。文章对问题注意力矩阵的计算公式为：

$$A = a \cdot C \tag{4.24}$$

类似的，问题对文章的注意力矩阵的计算如下：

$$B = b \cdot Q \tag{4.25}$$

其中，b 表示利用 softmax 函数对相似度矩阵 S 中每一列取最大值进行归一化后得到的向量。最后，将文章向量和注意力向量结合：

$$G = \beta(Q, A, B) \tag{4.26}$$

其中，β 代表任意可训练的神经网络，如多层感知机，此处利用 $\beta(h, \tilde{u}, \tilde{h}) = [h; \tilde{u}; h \circ \tilde{u}; h \circ \tilde{h}]$ 来计算。

答案预测：由于 Bi-DAF 模型针对的是片段抽取任务，所以其答案预测模块使用了 Wang 和 Jiang[95]提出的边界模型，来预测给定文本中的答案开始和结束位置。将开始和结束位置的概率分别记为 p^1 和 p^2，计算公式如下：

$$p^1 = \mathrm{softmax}(w_{p^1}^\top [G; M]) \tag{4.27}$$

$$p^2 = \mathrm{softmax}(w_{p^2}^\top [G; M']) \tag{4.28}$$

其中，M 经过一层 bi-LSTM 后得到 M'，$w_{p^1}^\top$ 和 $w_{p^2}^\top$ 是两个可训练的权重变量。单个答案片段的得分是相应的开始概率和结束概率的乘积，训练中使用如下目标函数进行优化：

$$L(\theta) = -\frac{1}{N} \sum_i^N [\log(p_{y_i^1}^1) + \log(p_{y_i^2}^2)] \tag{4.29}$$

这里 θ 包含所有可训练的模型参数，y_i^1 和 y_i^2 分别表示第 i 个训练样例中正确答案的开始和结束位置。

4.4　QANet：基于 Transformer 结构的阅读理解模型

QANet 模型由 Yu 等人[85]在 2018 年提出，与以往的机器阅读理解模型不同，它没有使用循环神经网络，而是借鉴了 Transformer 结构[68]——编码器由卷积和自注意力组成，不仅大大提升了模型训练和推理的效率，同时获得了可以与基于循环神经网络的模型相媲美的精度。模型结构如图 4.4 所示，主要包含五个部分：嵌入层、嵌入编码层、语境-问题注意力层、模型编码层和结果输出层。我们将按照第 3 章提出的机器阅读理解模型的基本框架，对 QANet 模型进行解构。

嵌入编码：QANet 模型在嵌入编码层使用了分布式词向量和字向量相结合的

多粒度编码方式。词向量 x_w 用 300 维的预训练好的 GloVe 词向量进行初始化，并在训练过程中固定；将词中的每一个字编码为长度为 64 的向量，通过一维卷积操作和最大池化来获得其字向量 x_c。将词向量 x_w 和字向量 x_c 拼接后通过一个两层的高速网络(Highway Network)，最终得到词 w 对应的嵌入编码 $[x_w; x_c]$。

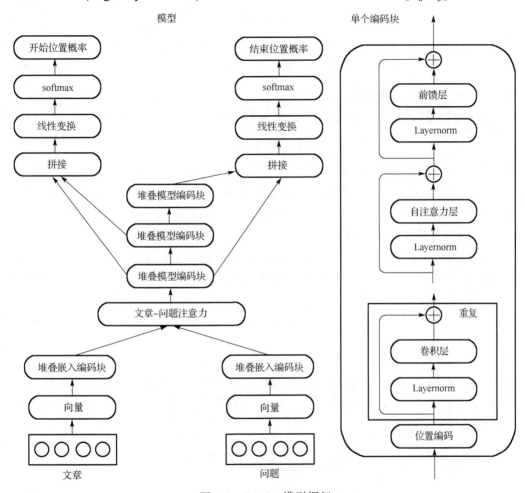

图 4.4 QANet 模型框架

特征提取：如前所述，QANet 模型最大的特点就是不再基于循环神经网络，而是借鉴了 Transformer 结构，使用卷积和自注意力。如图 4.4 右侧部分所示，单个编码块(Encoder Block)的结构自底向上依次包含位置编码(Position Encoding)、卷积层(Conv)、自注意力层(Self-attention)和前馈层(Feedforward Layer)。问题和文章的嵌入编码分别通过上述基本块进行上下文特征提取，最终得到相互独立的文章、问题表示编码 C 和 Q。

文章-问题交互：借鉴 Bi-DAF[78]中的做法，QANet 在文章-问题交互时也使用了双向的注意力流。文章对问题的注意力计算如下：首先计算文章中的词和问题词的相似度，将其表示为相似度矩阵 S，接着利用 softmax 函数对矩阵 S 中的每一行进行归一化，得到新的矩阵 $\overline{S}$。文章对问题注意力矩阵的计算公式为：

$$A = \overline{S} \cdot Q^{\top} \tag{4.30}$$

此处利用如下定义的三线性函数(Trilinear Function)来计算相似度：

$$f(q,c) = W_0[q,c,q \circ c] \tag{4.31}$$

其中，$\circ$ 表示点积，W_0 是可训练权重向量。

类似的，问题对文章的注意力矩阵 B 的计算如下：

$$B = \overline{S} \cdot \overline{\overline{S}}^{\top} \cdot C^{\top} \tag{4.32}$$

其中，$\overline{\overline{S}}$ 表示利用 softmax 函数对相似度矩阵 S 中每一列进行归一化后得到的矩阵。之后将$[c,a,c \circ a,c \circ b]$传递给三个共享权重参数的模型编码块，其中 a 和 b 分别表示注意力矩阵 A 和 B 的一行，每个模型编码块(Stacked Model Encoding Block)包含 7 个上文提到的基本块。

答案预测：QANet 模型同样针对片段抽取任务，所以在答案预测时也使用了 Wang 等[95]提出的边界模型，来预测给定文本中答案的开始和结束位置。将开始和结束位置的概率分别记为 p^1 和 p^2，计算公式如下：

$$p^1 = \mathrm{softmax}(W_1[M_0;M_1]) \tag{4.33}$$

$$p^2 = \mathrm{softmax}(W_2[M_0;M_2]) \tag{4.34}$$

其中，W_1 和 W_2 是两个可训练的变量，M_0、M_1 和 M_2 分别是从下到上三个模型编码块的输出。一个答案片段的得分是开始概率和结束概率的乘积，训练时使用如下目标函数进行优化：

$$L(\theta) = -\frac{1}{N}\sum_{i}^{N}[\log(p^1_{y^1_i}) + \log(p^2_{y^2_i})] \tag{4.35}$$

其中，y^1_i 和 y^2_i 分别表示样例 i 中正确答案的开始和结束位置，θ 包含所有可训练变量。

4.5　R.M-Reader

R.M-Reader 模型由 Hu 等人[79]在 2017 年提出，与 Match-LSTM、R-Net 等众多模型相比，R.M-Reader 在编码层融入语法和语义信息以增加编码能力，在交互层增加文章自对齐以捕获长距离上下文信息，同时设计了一种基于记忆的答案抽取网络，可以在持续增加阅读知识的同时，不断提取答案片段。模型结构如图 4.5 所示，我们将按照第 3 章提出的机器阅读理解模型的基本框架，对其进行解构。

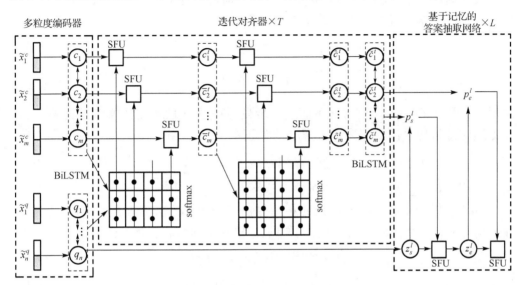

图 4.5 R.M-Reader 模型框架

嵌入编码：给定问题 $Q = \{w_i^q\}_{i=1}^n$ 和文章 $C = \{w_j^c\}_{j=1}^m$，R.M-Reader 模型在嵌入编码层组合使用了字向量、词向量和额外特征相结合的多粒度编码方式。模型首先使用 BiLSTM 分别对问题和文章做字级别和词级别的编码，得到字向量 x_c 和词向量 x_w，然后拼接得到 $[x_w; x_c]$。为了更好地识别问题和文章中的关键实体，模型还利用了精确匹配、词性标签、命名实体标签和问题类型几个额外特征，将额外特征增加到问题和文章向量中，最终得到问题嵌入编码 $\{\tilde{x}_i^q\}_{i=1}^n$ 和文章嵌入编码 $\{\tilde{x}_j^c\}_{j=1}^m$。

特征提取：在特征提取层，为了提取单词序列包含的下文信息，将问题和文章的嵌入编码分别通过另一个 BiLSTM，由此得到问题、文章互相独立的表示编码 $Q' = \{q_i\}_{i=1}^n$ 和 $C' = \{c_j\}_{j=1}^m$。

文章-问题交互：R.M-Reader 在文章-问题交互时使用了迭代对齐器。迭代对齐器采用多跳机制，在每一跳中，通过同时结合问题和文章来更新每个单词的表示。此外，模型还使用了一种新的语义融合单元来进行语义更新。最后，进行聚合操作以使信息在每一跳结束时在上下文中流动。

(1) 迭代对齐。将迭代对齐器的总跳数设为 N，在第 $t(t=1,2,\cdots,N)$ 跳中，首先计算问题和文章的共注意力矩阵 B^t，计算公式为：

$$\boldsymbol{B}_{ij}^{t} = q_{i}^{\top} \cdot \check{c}_{j}^{t-1} \tag{4.36}$$

其中，$\check{c}_{j}^{t-1}$ 表示上一跳的输出中第 j 个单词的表示。然后，为找到和文章段落单词最相关的问题单词，用 b_{j}^{t} 表示段落中第 j 个单词在问题上的注意力归一化向量，$\tilde{q}_{j}^{t}$ 表示每一个段落单词的问题注意力向量，则：

$$b_{j}^{t} = \mathrm{softmax}(B_{:j}^{t}) \tag{4.37}$$

$$\tilde{q}_{j}^{t} = Q' \cdot b_{j}^{t} \tag{4.38}$$

最后，使用语义融合单元(将在下面进一步说明)将上一跳输出的文章单词表示 $\check{c}_{j}^{t-1}$ 和上述注意力向量结合起来，计算公式如下：

$$\bar{c}_{j}^{t} = \mathrm{SFC}(\check{c}_{j}^{t-1}, \tilde{q}_{j}^{t}, \check{c}_{j}^{t-1} \circ \tilde{q}_{j}^{t}, \check{c}_{j}^{t-1} - \tilde{q}_{j}^{t}) \tag{4.39}$$

其中，$\bar{C}^{t} = \{\bar{c}_{j}^{t}\}_{j=1}^{m}$ 表示基于问题的文章表示，$\circ$ 表示点积。

(2)语义融合单元。R.M-Reader 模型提出了一种新的向量融合方法，接受一个输入向量 r 和一个待融合向量集合 $\{f_{i}\}_{i=1}^{k}$，输出一个向量 $\boldsymbol{o}$，计算公式如下：

$$\tilde{r} = \tanh(\boldsymbol{W}_{r}([r; f_{1}; \cdots; f_{k}]) + b_{r}) \tag{4.40}$$

$$\mathrm{g} = \sigma(\boldsymbol{W}_{g}([r; f_{1}; \cdots; f_{k}]) + b_{g}) \tag{4.41}$$

$$\boldsymbol{o} = g \circ \tilde{r} + (1 - g) \circ r \tag{4.42}$$

其中，$\boldsymbol{W}_{r}$ 和 $\boldsymbol{W}_{g}$ 是可训练的权重矩阵，b_{r} 和 b_{g} 是可训练的偏差。

(3)自对齐。为了捕获文章中更长距离的依存信息，将文章和文章自身进行对齐关联。和迭代对齐类似，首先计算文章的自注意力矩阵 $\boldsymbol{B}^{t}$，公式如下：

$$\tilde{\boldsymbol{B}}_{ij}^{t} = \bar{c}_{i}^{t}T \cdot \bar{c}_{j}^{t}, \quad i \neq j \tag{4.43}$$

其中，$\tilde{\boldsymbol{B}}_{ij}^{t}$ 表示第 i 和第 j 个文章单词的相似度。当 $i = j$ 时关联度设置为 0。然后，仍按照迭代对齐中所述方法计算带注意力的文章向量 $\{\tilde{c}_{j}^{t}\}_{j=1}^{m}$。最后，使用语义融合单元将基于问题的文章向量 $\bar{c}_{j}^{t}$ 和带注意力的文章向量 $\tilde{c}_{j}^{t}$ 进行向量融合，得到自对齐的文章向量表示 $\hat{c}_{j}^{t}$。

(4)聚合。在每一跳的最后进行聚合操作，主要用于捕捉文章中的短距离信息。模型使用另一个 BiLSTM，输入为自对齐产生的文章向量 $\hat{c}_{j}^{t}$，输出为 $\hat{c}_{j}^{t}$，用以进行下一跳的对齐或答案预测。

答案预测：R.M-Reader 模型针对的任务也是片段抽取，在答案预测时使用基于记忆的答案抽取网络，该网络采用多跳机制，在第 l 跳中，输入文章向量 $\check{c}_{i}^{l}$ 和起始位置记忆向量 z_{s}^{l}，预测给定文本中答案的开始和结束位置。将开始位置 i 和结束位置 j 的概率分别记为 $p_{s}^{l}(i)$ 和 $p_{e}^{l}(j)$，计算公式如下：

$$s_i^l = \mathrm{FN}(\check{c}_i^\top, z_s^l, \check{c}_i^\top \circ z_s^l) \tag{4.44}$$

$$p_s^l(i) = \mathrm{softmax}(w_s^l s_i^l) \tag{4.45}$$

$$e_j^l = \mathrm{FN}(\check{c}_j^\top, z_e^l, \check{c}_j^\top \circ z_e^l) \tag{4.46}$$

$$p_e^l(j) = \mathrm{softmax}(w_e^l e_j^l) \tag{4.47}$$

这里 FN 是前向神经网络，w_s^l 和 w_e^l 是两个可训练的变量。为了保证训练稳定性以及防止早期过拟合，模型将极大似然估计和强化学习方法结合，即同时优化 EM 和 F1 值，有了如下的损失函数：

$$J(\theta) = \lambda J_{\mathrm{MLE}}(\theta) + (1-\lambda)J_{\mathrm{RL}}(\theta) \tag{4.48}$$

λ 为超参数，$J_{\mathrm{MLE}}(\theta)$ 为极大似然估计方法的损失，公式如下：

$$J_{\mathrm{MLE}}(\theta) = -\sum_{i=1}^{N} \log p_s^L(y_i^s) + \log p_e^L(y_i^e) \tag{4.49}$$

$J_{\mathrm{RL}}(\theta)$ 为强化学习方法的损失，公式如下：

$$J_{\mathrm{RL}}(\theta) = -\Xi_{\hat{A}} p_\theta(A \mid C, Q)[R(\hat{A}, A^*)] \tag{4.50}$$

其中，$R(\hat{A}, A^*)$ 为奖励函数。

4.6　S-Net

前面 3.5.1.2 小节提到过的 S-Net 由 Tan 等人[106]在 2018 年提出，主要针对 MS-MARCO 数据集，支持答案需要由文章片段推理加工得到的机器阅读理解任务。S-Net 包含关键信息抽取和答案生成两个模型，前者旨在从文章中抽取与问题相关的线索信息，后者旨在依据抽取结果生成问题答案。答案抽取模型预测文章中最有可能的答案范围，并作为答案生成模型的一个额外特征，来支持后者生成最终答案。作者选用了此前最优的阅读理解模型作为答案抽取模型，并引入文章排序作为一个额外子任务来从多篇文章中抽取答案素材，所构建的答案生成模型则基于序列到序列(Seq2Seq)结构。最终，S-Net 在 MS-MARCO 数据集上取得了当时的最好成绩。接下来还是参照第 3 章提出的机器阅读理解模型的基本框架，对 S-Net 模型进行解构。

信息抽取模型：与 SQuAD 不同，MS-MARCO 数据集的答案源于不同文章，且标注了哪篇文章是正确的，因此作者提出了一个篇章排序加范围预测的模型。为了更好地预测答案范围，作者把对候选段落进行排序作为另外一个任务，在此基础上采用基于多任务学习的信息抽取框架。

（1）答案证据片段预测：给定问题 $Q = \{w_t^Q\}_{t=1}^m$ 和文章 $P = \{w_t^P\}_{t=1}^n$，我们首先将文章和问题中的词转换为对应的词向量和字符向量。字符向量通过双向 GRU 的最后隐藏状态获得。然后再通过一个双向 GRU 将字符向量 char_t^Q 和词向量 e_t^Q 连接，得到文档和问题的表示。

$$u_t^Q = \text{BiGRU}_Q(u_{t-1}^Q, [e_t^Q, \text{char}_t^Q]) \tag{4.51}$$

$$u_t^P = \text{BiGRU}_P(u_{t-1}^P, [e_t^P, \text{char}_t^P]) \tag{4.52}$$

最后根据 2015 年 Rocktaschel 等人[111]提出的通过对问题和文章中的单词进行软对齐的方法，生成如下句子对表示：

$$v_t^P = \text{GRU}(v_{t-1}^P, c_t^Q) \tag{4.53}$$

其中，$c_t^Q = \text{att}(u^Q, [u_t^P, v_{t-1}^P])$ 是问题和文章中句子的一个注意力值，通俗来讲，就是将篇章中的每句话都相对于问题计算一个不同的注意力值。

接着使用指针网络[103]来预测答案证据片段的位置，根据 Wang 等人[95]之前的工作，作者将所有文章连接起来预测证据片段范围。给定句子对表示 $\{v_t^P\}_{t=1}^N$，其中 N 为所有文章长度之和，利用注意机制作为指针来选择开始位置（p^1）和结束位置（p^2），形式化表示为：

$$s_j^t = v^\top \tanh(W_h^P v_j^P + W_h^a h_{t-1}^a) \tag{4.54}$$

$$a_i^t = \exp(s_i^t) / \sum_{j=1}^N \exp(s_j^t) \tag{4.55}$$

$$p^t = \text{argmax}(a_1^t, \cdots, a_N^t) \tag{4.56}$$

其中，h_{t-1}^a 表示指针网络的最终隐藏层状态，该网络的输入为基于当前预测概率 a^t 的注意力-池化向量：

$$c_t = \sum_{i=1}^N a_i^t v_i^P \tag{4.57}$$

$$h_t^a = \text{GRU}(h_{t-1}^a, c_t) \tag{4.58}$$

当预测开始位置时，h_{t-1}^a 表示指针网络的最终隐藏层状态。将问题向量 r^Q 作为指针网络的初始状态，$r^Q = \text{att}(u^Q, v_r^Q)$ 是基于参数 v_r^Q 的问题注意力-池化向量：

$$s_j = v^\top \tanh(W_u^Q u_j^Q + W_v^Q v_r^Q) \tag{4.59}$$

$$a_i = \exp(s_i) / \sum_{j=1}^m \exp(s_j) \tag{4.60}$$

$$r^Q = \sum_{i=1}^{m} a_i u_i^Q \tag{4.61}$$

（2）文章排序：该层主要从词级别到篇章级别来匹配问题和文章。首先用问题向量 r^Q 来与篇章中的每个词进行注意力计算，使用如下公式，获得新的文章表示 r^P：

$$s_j = v^{\top} \tanh(W_v^P v_j^P + W_v^Q r^Q) \tag{4.62}$$

$$a_i = \exp(s_i) / \sum_{j=1}^{n} \exp(s_j) \tag{4.63}$$

$$r^P = \sum_{i=1}^{n} a_i v_i^P \tag{4.64}$$

直观上就是，通过把问题与文章中的单词做注意力计算，将与问题相关的词汇的权重提升，做加和后即为最终的文章表示 r^P。然后将问题的表示 r^Q 与篇章的表示 r^P 相连，经过一个全连接层来获得一个匹配得分：

$$g = v_g^{\top}(\tanh(W_g[r^Q, r^P])) \tag{4.65}$$

这样，每篇文章都会获得相应的匹配得分 g_i，再对 g_i 进行如下归一化：

$$\widehat{g_l} = \exp(g_i) / \sum_{j=1}^{k} \exp(g_j) \tag{4.66}$$

答案生成模型：该层使用 seq2seq 模型生成答案，首先使用双向 GRU 生成文章和问题的表示，在生成文章的表示时加入了抽取的关键信息的特征，分别是词向量和开始与结束的位置，公式如下：

$$h_t^P = \mathrm{BiGRU}(h_{t-1}^P, [e_t^P, f_t^s, f_t^e]) \tag{4.67}$$

$$h_t^Q = \mathrm{BiGRU}(h_{t-1}^Q, e_t^Q) \tag{4.68}$$

使用 GRU 与注意力机制作为解码器来生成答案，在每一个解码阶段，利用 GRU 读取前一时刻的词向量 w_{t-1} 和前一时刻生成的上下文向量 c_{t-1} 来计算新的隐藏状态 d_t，解码部分的初始输入为编码部分反向末态的隐藏层：

$$d_t = \mathrm{GRU}(w_{t-1}, c_{t-1}, d_{t-1}) \tag{4.69}$$

$$d_0 = \tanh(W_d[\vec{h}_1^P, \vec{h}_1^Q] + b) \tag{4.70}$$

同样 t 时刻的输出也是由一个注意力机制计算得出的，使用的是上一时刻隐层状态和编码部分文章和问题的隐层状态的组合作为输入：

$$s_j^t = v_a^\top \tanh(W_a d_{t-1} + U_a h_j) \tag{4.71}$$

$$a_i^t = \exp(s_i^t) / \sum_{j=1}^{n} \exp(s_j^t) \tag{4.72}$$

$$c_t = \sum_{i=1}^{n} a_i^t h_i \tag{4.73}$$

结合前一时刻的词向量 w_{t-1}、这一时刻的输出向量 c_t 和这一时刻的隐层状态 d_t，通过一个 maxout 隐藏层，最后经过 softmax 来输出下一个单词：

$$r_t = W_r w_{t-1} + U_r c_t + V_r d_t \tag{4.74}$$

$$m_t = [\max\{r_{t,2j-1}, r_{t,2j}\}]^\top \tag{4.75}$$

$$p(y_t | y_1, \cdots, y_{t-1}) = \mathrm{softmax}(W_0 m_t) \tag{4.76}$$

答案生成模型训练时，使用负对数似然作为损失函数。

4.7　基于双向自注意力的预训练语言模型

前面章节已经介绍过，诸如 ELMo、BERT 一类的预训练语言模型已在很多自然语言处理任务中都取得了不错的效果，包括机器阅读理解、文本分类等。其核心思想是在大规模无监督语料库（如维基百科等）上训练一个通用的语言模型，并在下游任务中利用该模型的编码嵌入表示，将其迁移到目标任务上。关于预训练语言模型的更多介绍请参见前面 2.6 节和 3.2.2 节。

机器阅读理解是最早应用预训练语言模型的领域之一。例如，Clark 等人[76]设计 ELMo 来增强 BiDAF[78]模型，在 SQuAD 数据集上获得了显著的性能提升。随后，Wang 等人[112]提出的用于片段抽取任务的层次化注意力网络，以及 Hu 等人[79]提出的强化助记阅读器，都使用了 ELMo 作为嵌入表示。再后来，Hu 等人提出的 RE³QA[113]与 Multi-Type Multi-Span[101]网络则都使用了 BERT 作为嵌入表示。以上研究表明，预训练语言模型在机器阅读理解任务中展现了优越的性能。

4.8　代表性方法比较分析

为方便读者对代表性机器阅读理解模型的异同有清晰直观的认识，本节按照第 3 章提出的神经机器阅读理解的基本框架，对前面介绍的 7 种代表性模型的技术特点进行了汇总，具体见表 4.1。这些代表模型的源代码地址（如果提供了），详见书末附录 5。

表 4.1　代表性神经机器阅读理解方法汇总表

模型	主要模块的实现方法				是否提供源代码
	嵌入编码	特征提取	文章-问题交互	答案预测	
Match-LSTM [95]	传统编码	RNN	单向、多次交互	片段抽取	是
Bi-DAF [78]	多粒度	RNN	单向、一次交互	片段抽取	是
R-Net [96]	多粒度	RNN	单向、多次交互	片段抽取	是
S-Net [106]	多粒度	RNN	单向、多次交互	答案生成	否
QANet [85]	多粒度	Transformer	双向、一次交互	片段抽取	是
Reinforced Mnemonic Reader [79]	多粒度	RNN	双向、多次交互	片段抽取	是
BERT [5]	上下文	Transformer	双向、多次交互	片段抽取	是

通过总结梳理，不难发现：在嵌入编码模块中，由于预训练的基于上下文的编码方式所展现的优异表现，这种方式已逐渐替代分布式词向量成为文本表示建模的主流，而且"预训练+微调"思路可以非常容易地迁移到各个自然语言处理任务中，且对模型效果提升显著。在特征提取模块中，最常使用的是循环神经网络，但卷积神经网络善于捕获局部信息，基于自注意力的 Transformer 结构不仅能有效编码上下文，还能实现并行。实践中，可以将多种方式组合使用，发挥各自的优势。在文章-问题交互模块，文章和问题交互越充分，越有利于后续答案预测。为实现二者之间的交互，注意力机制必不可少。相对于单向注意力，双向注意力能同时关注到文章和问题信息，更具优势。在答案预测模块，针对不同机器阅读理解任务有不同的答案预测方法，如果所针对的是片段抽取型任务，则基于指针网络来预测答案的开始和结束位置的方法是非常有效的，也是现有研究的主流思路。

4.9　本　章　小　结

机器阅读理解在实际应用中非常重要，其技术也相对复杂，通常包含多个互相依赖的模块。本章根据第 3 章提出的机器阅读理解模型的基本框架，对几个代表性的模型进行了解构，详细地介绍了它们中的各个技术环节。

在机器阅读理解数据集 SQuAD 发布之后，该任务不再需要复杂的特征工程，而是可以通过基于注意力机制的匹配方法，比如本章 4.1～4.6 节提到的

Match-LSTM、BiDAF 等模型。近年来，随着以 BERT 为代表的微调参数预训练语言模型的发展，抽取式机器阅读理解任务取得了极大的性能提升，也使得各种网络结构逐渐收敛。如 4.7 节所述，这类模型的核心思想是，在大规模无监督语料库上预训练一个语言模型，并在下游目标任务中利用该模型的嵌入表示。

为了对代表性机器阅读理解模型有更清晰直观的了解，4.8 节对代表性模型所使用的深度学习方法进行了汇总和对比，对该部分内容感兴趣的读者可以参考更多的相关文献进行了解。

第5章 新 兴 趋 势

随着神经网络模型在 SQuAD 等数据集上的表现超越人类,机器阅读理解技术已取得很大进展。不过,现有数据集往往对机器阅读理解任务施加了一些限制,例如:限定答案一定包含在给定的文章中、限定所有的问题和文章都同语言(比如英语或中文),等等。所以尽管进展喜人,但让机器真正理解文本还有很长的路要走。为了使机器阅读理解的任务设定更接近实际应用,最近两年出现了一些非常值得关注的新趋势,我们将在本章中加以详细讨论。

5.1 引入知识的机器阅读理解

5.1.1 任务定义

长时间以来,机器阅读理解模型往往只利用给定的文章来回答问题。然而,在实际应用中,问题并非都能藉由已获取的文章来回答。这时,我们人类往往会利用自身的知识积累来理解和回答问题。所以,知识的运用对于提升理解具有非常重要的作用,也被认为是机器阅读理解与人类阅读理解之间的最大差距之一。这启发研究人员将外部知识引入到机器阅读理解中,引入知识的机器阅读理解模型应运而生。对比起来,传统机器阅读理解模型,包括本书前面章节介绍的基于深度学习的机器阅读理解模型,基本都只利用给定的文章来回答指定的问题,模型输入通常只包括问题和文章两部分;而引入知识的机器阅读理解模型则会尝试从既有知识库中提取相关知识,用以回答问题,特别是那些仅依靠输入文章难以回答的问题,所以模型输入除了问题和文章外,还应包括外部知识(库)。形式化的,可将引入知识的机器阅读理解任务定义如下:

> **定义 5.1** 引入知识的机器阅读理解
>
> 给定文章集合 C、问题 Q 以及外部知识 K,这一任务要求通过学习函数 $\mathcal{F}$ 使得 $A = \mathcal{F}(C, Q, K)$ 来预测正确答案 A。

5.1.2 代表数据集

MCScripts[114]是一个非常有代表性的需要利用外部知识来回答问题的机器阅

读理解数据集，所需的外部知识通常是一些生活常识。更具体的，MCScripts 是一个关于人类日常活动的数据集，例如在餐馆吃饭或乘坐公共汽车等，回答其中一些问题，需要使用超出原文的常识性知识。表 6.1 给出了两个出自 MCScripts 数据集的示例。显然，在给定的上下文中找不到 **"用什么挖洞？"** 的答案。然而，出于常识，我们知道人类总是用 **"铲子"** 而不是 **"手"** 来挖洞。

表 5.1　MCSripts 举例

MCScripts	
Context:	I wanted to plant a tree. I went to the home and garden store and picked a nice oak. Afterwards, I planted it in my garden.
Question1: Candidate Answers:	What was used to dig the hole? **A. a shovel**　B. his bare hands
Question2: Candidate Answers:	When did he plant the tree? **A. after watering it**　B. after taking it home

5.1.3　存在的挑战

研究开发引入知识的机器阅读理解模型所要克服的技术挑战至少包括以下两方面：

1. 相关外部知识的检索获取

能否从知识库中准确快速检索出与文章和问题密切相关的知识条目，决定了后面答案预测的准确性。但在实际应用中，知识库中的条目数量往往非常庞大。特别是，其中各种知识和实体有时可能由于多义性而产生歧义，例如，"苹果"可以指水果也可以指科技公司，这使得从中准确定位回答当前问题所需的知识常常并不容易。

2. 外部知识整合

与文章和问题中的文本不同，外部知识库中的知识具有其独特的结构。如何编码这些知识并将其与文章和问题的表示相结合仍然是一项有待研究的挑战。

5.1.4　现有方法

一些研究人员试图解决上述引入知识的机器阅读理解中的技术挑战。为了让模型利用外部知识，Long 等人[115]提出了一项新任务——不常见实体预测，该任务类似于完形填空，需要预测问题中缺失的命名实体，但是，仅根据原文无法正确预测被删除的命名实体。此任务提供从 Freebase 等知识库中提取的附加实体描述，作为辅助进行实体预测的外部知识。在利用外部知识的过程中，Yang 和

Mitchell[116]重点考虑了知识和(文章)上下文之间的相关性,以避免引入不相关的外部知识而误导了答案预测。他们用带有标记的注意力机制以确定是否引入外部知识以及应采用哪些知识。Mihaylov 和 Frank[117]以及 Sun 等人[118]利用键-值(Key-value)记忆网络[119]来找出相关的外部知识。首先从知识库中选择所有可能的相关知识,并将其作为键-值对存储在记忆槽中。之后使用键与问题匹配,同时对相应的值进行加权求和以生成相关的知识表示。Wang 和 Jiang[120]利用英文词汇数据库(或者说英文词汇语义网络)WordNet 来抽取输入的问题-文章中单词之间的语义连接。对于每个输入的文章-问题对,他们利用 WordNet 抽取文章和问题中每个单词与文章中单词之间的语义连接关系,并将有语义关联的文章单词在文章中的位置信息作为外部知识,馈送到机器阅读理解模型中用以扩充答案预测过程中的注意力机制,从而提升了答案预测的准确性。

总之,引入知识的机器阅读理解突破了问题回答的取材范围仅限于给定原文的限制。因此,可以在一定程度上缓解机器阅读理解与人类阅读理解之间的差距。但值得注意是,引入知识的机器阅读理解模型的性能与知识库的质量密切相关。当从自动或半自动生成的知识库中提取相关的外部知识时,需要努力消除歧义、噪声、甚至是差错,因为具有相同名称或别名的实体可能误导模型,错误的外部知识也会使答案预测结果出现误差。此外,存储在知识库中的知识条目通常很稀疏,如果无法直接找到相关知识,则需要引入外部知识进行必要的进一步推断。

5.2 带有不能回答问题的机器阅读理解

5.2.1 任务定义

前面介绍的机器阅读理解模型背后有一个潜在假设,即在给定的文章中始终存在正确的答案。但是,这个假设与实际应用并不总是相符——一篇或少数几篇文章所涵盖的信息和知识范围有限,因此仅仅根据它们,不可避免地会存在一些问题不能回答。实用性强的机器阅读理解系统应该能够区分出那些(仅依靠所给文章)无法回答的问题,以便触发外部知识或更多文章的引入。相应的机器阅读理解任务定义如下:

> **定义 5.2** 带有不能回答问题的机器阅读理解
> 给定文章集合 C 和问题 Q,机器首先判断仅根据 C 和 Q 能否作答。如果不能作答,则模型将这一问题标记为不可回答并不再预测其答案,否则通过学习函数 $\mathcal{F}$ 使得 $A = \mathcal{F}(C, Q)$ 来预测 Q 的正确答案 A。

5.2.2　代表数据集

SQuAD 2.0[31]是一个典型的包含无法回答问题的机器阅读理解数据集，它将以前版本的 SQuAD（SQuAD 1.0）上可回答的问题与 53775 个关于相同段落的、无法回答的新问题相结合。众包工人精心设计这些问题，以便它们与段落相关，并且段落包含一个貌似合理的答案——与问题所要求的类型相同。SQuAD 2.0 引入了与 SQuAD 1.0 中可回答问题类似的不可回答问题，模型不仅需要回答问题，还需要检测哪些问题没有答案，难度高于 SQuAD 1.0。表 5.2 展示了两个无法回答的问题示例，与貌似合理（但并不正确）的答案，关联性关键词用粗字体表示。

表 5.2　SQuAD2.0 举例

SQuAD 2.0	
Context:	···Other legislation followed, including the Migratory Bird Conservation Act of 1929, a **1937 treaty** prohibiting the hunting of right and gray whales, and the Bald Eagle Protection Act of 1940. These later laws had a low cost to society -the species were relatively rare -and little **opposition** was raised.
Question 1: Plausible Answer:	Which laws faced significant **opposition**? later laws
Question 2: Plausible Answer:	What was the name of the **1937 treaty**? Bald Eagle Protection Act

5.2.3　存在的挑战

随着不能回答的问题的出现，与传统机器阅读理解相比，这一任务有如下两个挑战：

1. 不能作答的问题检测

模型应该知道哪些问题是它们无法回答的。在理解了问题和对全文进行推理后，机器阅读理解模型应该判断哪些问题不能仅仅根据原文进行作答，并将这些问题标记为不能作答。

2. 貌似正确的答案的判别

为了避免表 5.2 中提到的貌似合理（但并不正确）的答案的影响，机器阅读理解模型需要对预测的答案进行验证并且识别出貌似正确的答案。

5.2.4　现有方法

针对上述两个挑战，解决机器阅读理解中存在无法回答的问题的方法可分为两类：为了指出哪些问题没有答案，一种方法采用无答案分数和答案片段分数之间的共享归一化操作。Levy 等人[121]为开始和结束位置的置信度得分添加额外的可训练偏差，并将 softmax 应用于新得分以获得无答案的概率分布。如果此概率高于最佳片段的概率，则表示问题无法回答，否则输出答案片段。此外，他们还提出了另一种设定全局置信度阈值的方法，如果预测答案置信度低于阈值，则模型将问题标记为无法回答。虽然这种方法可以检测到无法回答的问题，但无法保证预测的答案是正确的。其他方法则通过填充引入无答案选项。Tan 等人[122]为原始段落添加填充位置以确定问题是否可以回答。当模型预测该位置时，它拒绝给出答案。

研究人员也非常关注答案的合理性，并引入答案验证来判别貌似正确的答案。对于无法回答的问题检测，Hu 等人[123]提出两个辅助损失：独立片段损失以预测合理的答案，而不考虑问题的可回答性；独立的无答案损失来减轻貌似正确的答案提取和无答案检测任务之间的冲突。在答案验证方面，他们介绍了三种方法：①顺序结构将问题、答案和原文句子作为整个序列，并将其输入到经过微调的 Transformer 模型以预测无答案概率；②交互式结构，它计算原文中问题和答案句子之间的相关性，以判别问题是否可以回答；③通过将上述两个模型的输出连接在一起作为联合表示，把上述两种方法集成在一起，这种混合架构可以产生更好的性能。

Sun 等人[124]利用多任务学习联合训练答案预测、无答案检测和答案验证过程。它们的工作独特之处在于利用一个通用节点来编码文章和问题的融合信息，然后将其与问题表示和文章表示相结合。在通过线性分类层之后，可以利用融合表示来确定问题是否是可回答的。

正如一句中国谚语所说，"知之为知之，不知为不知，是知也"。检测无法回答的问题需要对文本有更深入的理解，需要更健壮的机器阅读理解模型，使机器阅读理解更接近于现实世界的应用。

5.3　多文档机器阅读理解

5.3.1　任务定义

在机器阅读理解任务中，与问题相关的文章是预先给定的，这与实际应用中的问答过程并不相符——人们通常先提出一个问题，然后搜索所有可能相关的文章来寻找回答问题的线索。为了使得机器阅读理解模型能够支持问答应用，Chen 等人[82]对传统机器阅读理解任务进行了扩展，引入了多文档机器阅读理解。虽然本书 1.3.2.1 小节已经给出了多文档机器阅读理解任务的定义，但前面章节介绍的各种模型方法大多面向单文档机器阅读理解。事实上，多文档机器阅读理解任务比单文档任务更加复杂，也更贴近实际应用需要，近几年里已经引起本领域的高度重视。鉴于此，并考虑到前面 1.3.2.1 小节已经对任务进行了形式化定义，所以本节接下来重点介绍最近几年出现的一些代表性数据集和代表性模型。

5.3.2　代表数据集

到目前为止，较有代表性和影响力的多文档机器阅读理解数据集主要包括：MS MARCO[3]、TriviaQA[21]、SearchQA[34]、Dureader[4]等。前面 1.4.2 节中已经对它们进行过介绍，所以这里不再赘述。

5.3.3　存在的挑战

多文档机器阅读理解更具挑战性，一个明显的表征是，很多优秀的单文档机器阅读理解模型在"直接"应用于基于文档的开放域问答(见 1.4 节)这类需要理解多篇文档的场景中时，性能会出现大幅下降。这里所谓"直接"是指，先从文档库中检索与问题最相关的若干篇文章(比如 5 篇)，然后将检索到的文章逐一与问题配对作为输入，直接利用单文档机器阅读理解模型进行答案预测，然后从中挑选最佳答案作为最终结果。一个典型案例是，DrQA 模型[82]在 SQuAD 1.0 上达到了 69.5 的精确匹配(EM 指标，定义见前面 1.4.1 节)准确度，但是当应用到开放域场景(使用整个维基百科语料库来回答问题)时，其性能急剧下降到不超过30%。造成这种性能下降的主要原因是多文档机器阅读理解所面临的一些技术挑战，至少包括：

1. 海量文档语料库

这是多文档机器阅读理解最突出的特征，这使得它不同于只给定一篇相关文章的单文档机器阅读理解。在这种情况下，模型能否快速准确地从语料库中检索出最相关的文章，直接决定了最终的问答表现。

2. 噪声文档的影响

有时，模型可能会检索到包含正确答案片段但与回答问题无关的噪声文档。这种似是而非的噪声文档会给答案预测带来极大困扰，甚至使模型产生错误的预测结果。

3. 没有答案

当检索模块表现不佳时，检索出的文档中可能没有答案。如果答案预测模块忽略了这一点，即使答案不正确，也会输出一个答案，这将导致系统性能下降。

4. 存在多个答案

在开放域场景下，一个问题可能存在多个正确答案。例如，当询问"**谁是美**

国总统?"时,**奥巴马、特朗普、拜登**都是可能的答案,但到底哪一个才是正确答案,则需要根据上下文进行推理。

5. 需要线索汇总

就某些复杂问题而言,线索片段可能出现在一个文档的不同部分,甚至出现在不同文档中。为了正确回答这些问题,多文档机器阅读理解模型需要将这些线索汇总在一起。也就是说,更多的文档意味着更多的信息,这虽然将有助于得到更完整的答案,但也带来了线索汇总方面的挑战。

5.3.4 现有方法

为了解决多文档机器阅读理解问题,一种方法遵循"先检索后阅读"的流程。具体来说,模型通常包含检索和阅读(理解)两个模块,检索模块首先返回若干篇与问题相关的候选文档,然后由阅读器模块从候选文档中抽取问题答案。由 Chen 等人[82]提出的 DrQA 是一种典型的基于上述流程的多文档机器阅读理解模型。在检索模块中,他们利用 TF-IDF 为 SQuAD 中的每个问题选择 5 篇相关的维基百科文章,以缩小阅读范围。对于阅读器模块,他们改进了 2016 年提出的模型[86],引入了丰富的单词表示和指针模块来预测答案片段的开始和结束位置。为了使不同篇章中的候选片段具有可比性,Chen 等人利用非标准化指数和 argmax 函数来选择最佳答案。在该方法中,检索和抽取是按先后分开执行的,所以检索阶段产生的错误会传播到下一个阅读器模块,从而导致性能下降。

为了减少由于文档检索效果不佳引起的错误传播,一种方法是引入排序模块,另一种方法是联合训练检索和阅读过程。

在对利用传统信息检索方法检索到的文档进行重新排序方面,Htut 等人[125]提出了两种不同方法:InferSent Ranker 和 Relation-Networks Ranker。前者利用前馈网络来测量文章和问题之间的一般语义相似性,后者则利用关系网络来捕获文章单词和问题单词之间的局部交互。受到学习排序(Learning to Rank)研究的启发,Lee 等人[126]提出了段落排序机制,使用双向 LSTM 来计算段落和问题的表示,并通过点积来测量段落和问题之间的相似性,从而对每个段落进行评分。

在检索和阅读联合训练方面,由 Wang 等人[127]提出的 Reinforced Ranker-Reader(R^3)是代表模型。该模型使用 Match-LSTM[95]来计算问题与每篇文章之间的相似性,以获得文章表示,这些表示稍后被提供给排序器和阅读器。在排序模块中,使用强化学习来选择最相关的文章,而阅读器的功能是从所选择的文章中预测出答案片段。模型对检索和阅读两项任务进行联合训练,以减轻由错误文档检索引起的错误传播。

但是，上述模型中的检索模块效率较低。例如，DrQA[82]只是在检索模块中使用了传统的信息检索方法，而 R^3 [127]使用依赖于问题的文章表示来对文章进行排序。随着文档语料库变大，计算复杂度将增加。为了加快检索过程，Das 等人[128]提出了一种快速有效的检索方法，采用与问题独立的文章表示，并加以离线存储。当给定问题时，该模型快速进行内积计算以测量文章与问题之间的相似性，然后将排名最高的文章提供给阅读器以提取答案。该方法的另一个独特特征是检索和阅读之间的迭代互动：他们引入了一个门控循环单元，在考虑阅读器的状态和原始问题的情况下，重新构造问题表示，然后使用新的问题表示来检索其他相关文章，这有助于跨语料库的重读过程。

在多文档场景中，通常会在每篇文章中抽取一个答案，但其中一些往往并非问题的正确答案。Pang 等人[129]没有选择得分第一的匹配片段作为正确答案，而是提出了另外三种启发式方法：RAND 操作平等地处理所有答案片段并从中随机选择一个；MAX 操作选择概率最大的答案，该操作通常在有噪声文章的时候使用；此外，SUM 运算假设有多个片段可以被视为标准答案并将所有片段概率加在一起。与 MAX 操作类似，Clark 和 Gardner[76]首先将所有标记的答案范围都视为正确的，并受到 Attention Sum Reader[90]的启发，他们利用求和目标函数来选择概率最大的一个作为正确答案。相比之下，Lin 等人[130]引入一个快速文章选择器，用于过滤掉带有错误答案标签的文章，然后再将它们送到阅读器模块。他们利用多层感知器或 RNN 分别获得文章和问题的隐藏表示，并对问题应用自注意力机制来捕获其中不同部分的重要性，然后计算文章和问题之间的相似性，并选择最相似的文章输入到阅读器模块中。

Wang 等人[131]看到了多文档机器阅读理解任务中线索聚合的重要性：一方面，有些问题的正确答案常有更多线索出现在不同段落中；另一方面，一些问题需要线索的不同方面来回答。为了充分利用多个线索，他们提出了基于增强和基于覆盖的重新排序器。在第一种机制中，出现次数最多的候选者被选择为正确答案。第二种机制中，重排序器将包含候选答案的所有段落连接起来作为一个新的上下文(或者说文章)，并将其提供给阅读器以获得聚集了线索不同方面的答案。

总之，与单文档机器阅读理解任务相比，多文档机器阅读理解更贴近实际应用需要。有多篇文档作为资源，有更多的答案预测线索，因此即使问题很复杂，模型也可以很好地给出答案。相关文档检索是多文档机器阅读理解的重要组成部分，从不同文档提取的证据可能互补也有可能相互矛盾，因此，在多文档机器阅读理解任务中，答案往往不限于原文中的子序列。充分挖掘包含在多个文档中的线索，并使用正确的逻辑和清晰的语义来生成答案，才能很好地回答问题，这一任务仍有很长的路要走。

5.4　对话式机器阅读理解

5.4.1　任务定义

机器阅读理解要求基于对给定文章的理解来回答问题，不同问题之间通常是相互独立的。然而，人们最自然的获取信息或知识的方式是通过一系列相互关联的问答过程——当给出一篇文章时，某人首先提出一个问题，另一个人给出问题答案，然后提问人再根据答案提出另一个问题以加深理解。这个过程通常会迭代进行多个轮次，实际上是一种问答式的多轮对话过程，或者简称"对话问答"。

为支持对话问答，研究人员将对话引入了机器阅读理解，形成了对话式机器阅读理解任务，并逐渐成为了新的研究热点。

对话式机器阅读理解任务的形式化定义如下：

> **定义 5.3**　对话式机器阅读理解
> 给定文章集合 C、含之前问题和答案的对话历史 $H = \{q_1, a_1, \cdots, q_{i-1}, a_{i-1}\}$ 和当前问题 q_i，对话问答任务要求通过学习函数 $\mathcal{F}$ 使得 $A_i = \mathcal{F}(C, H, q_i)$ 来预测正确答案 A_i。

5.4.2　代表数据集

为了满足对话问答的需要，许多研究人员尝试使用给定段落或篇章和一系列对话来创建新的数据集。Reddy 等人[132]发布了 CoQA 数据集，该数据集包含来自七个不同领域的 8000 个文章的对话。在 CoQA 中，提问者根据给定的文章提出问题，答题者给出答案，这模拟了两个人在阅读文章时的对话过程。CoQA 的答案形式没有限制，需要用更多的上下文进行推理。类似的，Choi 等人[133]构建了用于文章问答的 QuAC 数据集。与 CoQA 不同，QuAC 中的文章只提供给答题者，而提问者则根据文章的标题进行提问，答题者用文章中的子序列（即片段）来回答问题，并决定提问者是否可以提出后续问题。Ma 等人[134]将完形填空任务扩展到会话场景中。他们从电视剧《老友记》的脚本中选择剧中角色之间的对话，并从网上搜集该剧粉丝撰写的剧情摘要，通过对摘要进行切片，找到每段对话相应的摘要片段；然后通过众包方式利用人工来检视摘要片段与对话内容的对应性，并将摘要片段中的代词替换为剧中角色名称，从而为每个对话生成了相关的文章；接着将角色名称从文章中隐去，测试时要求机器根据对话内容和(文章中的)上下文信息来填充文章中缺失的角色名。与上述两个数据集不同，Ma 等人构建的数据集针对的是多方对话，并且非常关注某些行为的实施者。Sun 等人[135]提出了第一个基于对话的多项选择阅读理解数据集 DREAM，该数据集收集自专家设计的用于评估中国学习者的英语理解水平的考试题，包含涉及 6444 个对话的 10,197 个选择题。需要特别注意的是，这里的"多项选择问题 (multiple-choice question)"是指每个问题提供了多个候选，但其中仅一个正确，而非有多个候选答案正确。这在前面 1.3.2.5、3.5.1.1 小节中均已讨论过。

为方便读者进一步理解对话式机器阅读理解任务，下面表 6.3 给出了 CoQA 数据集中的一些示例。

表 5.3　CoQA 举例

CoQA	
Passage:	Jessica went to sit in her rocking chair. Today was her birthday and she was turning 80. Her granddaughter Annie was coming over in the afternoon and Jessica was very excited to see her. Her daughter Melanie and Malanie's husband Josh were coming as well.
Question1:	Who had a birthday?
Answer1:	**Jessica**
Question2:	How old would she be?
Answer2:	80
Question3:	Did she plan to have any **visitors**?
Answer3:	Yes
Question4:	**How many**?
Answer4:	Three
Question5:	**Who**?
Answer5:	Annie, Melanie and Josh

5.4.3　存在的挑战

与传统机器阅读理解相比，对话式机器阅读理解带来了一些新的挑战：

1. 对话历史的引入

在机器阅读理解任务中，问题和答案通常只基于给定的文章，并且问题独立于先前的问答过程。与此不同，对话历史在对话问答中起着重要作用。后续问题可能与先前的问题和答案密切相关。更具体来说，如表 5.3 所示，问题 4 和问题

5 与问题 3 相关。除此之外，答案 3 可以是对答案 5 的验证。为了应对这一挑战，对话历史作为上下文也将输入到对话问答系统中。

2. 共指消解

共指消解是自然语言处理中的一项传统任务，在对话式机器阅读理解中更是具有挑战性。共指现象可能不只发生在文章中，也有可能出现在问题和回答中。共指可以分为显式和隐式两种。显式共指具有明确的标记，比如一些人称代词。以表 5.3 中的问题 1"谁的生日？"为例，要回答它，模型必须弄清楚"今天是她的生日"中的"她"指的是"杰西卡"。同样，对问题 2 的理解是基于"她"指的是"杰西卡"。与显式共指不同，隐式共指没有明确标记，所以更难以发现，比如隐含地提及之前内容的带有明确意图的短问题就是一种隐式共指。以表 5.3 中问题 4 为例，"how many?"隐式地指代了"有多少访问者？"，要搞清和还原这种指代，模型就需要提取问题 4 和问题 3 之间的隐式共指关系。

5.4.4　现有方法

近两年来，一些研究人员努力解决对话式机器阅读理解任务中的上述新挑战。Reddy 等人[132]提出了一个混合模型 DrQA+PGNet，将序列到序列 (Seq2Seq)模型和机器阅读理解模型结合在一起，提取并生成答案。为了整合对话历史的信息，他们将先前的问题-答案对视为序列并将其添加到原文中。Yatskar 等人[136]利用改进的机器阅读理解模型，BiDAF++和 ELMo[46]来回答基于给定文章和对话历史的问题。他们不是将先前的对话信息编码到文章表示中，而是在原文中标记先前问题的答案。Huang 等人[137]不是简单地将先前的问答对连接起来作为输入，而是引入了一种流程机制来深入理解对话历史，该机制利用了在回答之前问题的过程中产生的文章表示，借此引入对话历史更深层的隐含语义信息。与 Reddy 等人[132]类似，Zhu 等人[138]将先前的问题-答案对添加到当前问题中，但为了找出相关的对话历史，他们会对问题使用额外的自注意力。

对话式机器阅读理解任务，将对话纳入到机器阅读理解中，符合人类获取事物信息或知识的一般过程。虽然研究人员已经意识到会话历史信息的重要性并成功引入到了阅读理解模型中，但是对其中频繁出现的共指现象却几乎没有什么研究。显然，无法正确识别和消解共指现象，将导致模型性能下降。所以，对话式机器阅读理解中普遍存在的共指现象使这项任务更具挑战性。

5.5　跨语言机器阅读理解

5.5.1　任务定义

　　虽然机器阅读理解研究已取得了快速发展，但是大部分现有工作都面向英语语料，而忽略了机器阅读理解在其他语言场景下的应用。因此，当相关信息（如问题或文章）以其他语言提供或者应用场景涉及多种语言时，如何从与问题不同语言的文章中预测答案是亟待解决的问题。目前，跨语言机器阅读理解方面已有初步探索：Cui 等人[139]提出跨语言机器阅读理解（Cross-Lingual MRC，CLMRC）任务来解决非英文下的机器阅读理解；Jing 等人[140]发布了双语平行机器阅读理解数据集 BiPaR，以支持跨语言机器阅读理解。

　　跨语言机器阅读理解的任务定义如下：

定义 5.4　跨语言机器阅读理解

　　给定目标语言文章集合 C_t 和源语言问题 Q_s，跨语言机器阅读理解任务要求通过学习函数 $\mathcal{F}$ 使得 $A = \mathcal{F}(C_t, Q_s)$ 来预测目标语言的正确答案 A。

5.5.2　代表数据集

　　跨语言数据集包括平行语言数据集和混合语言数据集两类，但此前的数据集主要面向机器翻译任务，针对机器阅读理解任务的语料很少。

　　跨语言评估论坛（Cross Lingual Evaluation Forum，CLEF）构建发布了四个平行语言数据集：Multisix Corpus[141]（200 个问题，6 种语言），DISEQuA Corpus[142]（450 个问题，4 种语言），Multieight-04 Corpus（700 个问题，7 种语言）[143]以及 Multi9-05[144]（900 个问题，9 种语言）。在这些数据集中，所有的问题和答案都同时具有不同语言的版本，所以称为平行语料。但这些数据集规模较小，限制了深度学习方法的使用。

　　混合语言是指两种或以上语言的单词同时出现在一个句子中，比如一篇社交帖文中有一句写道：“**新来的邻居非常 nice!**”随着国际交流不断加深，这种语言现象十分常见。但是，针对混合语言的现有数据集不多，且主要针对机器翻译、语言检测和情感分析等任务，而不是机器阅读理解，如推文（Tweets）数据集 CMIR[145]。近期，为满足跨语言机器阅读理解任务的要求，Artetxe 等人[146]发布了跨语言问答数据集 XQuAD，该数据集用十种语言并行编写而成，包含来自

SQuAD v1.1 的 240 篇文章和 1190 个问答对，为跨语言机器阅读理解任务提供了一个更全面、更广泛的评价基准。类似的，Lewis 等人[147]发布了跨语言抽取式问答数据集 MLQA，该数据集涵盖七种语言，由超过 5K 个符合 SQuAD 格式的问答实例(英语为 12K)组成。与 XQuAD 相比，MLQA 包含了更多的问答对，且数据集直接从维基百科采集，而不是由英语文本翻译而成，减少了翻译误差。Jing 等人[140]发布了双语平行机器阅读理解数据集 BiPaR，以支持多语言和跨语言机器阅读理解。BiPaR 与现有单语言阅读理解数据集的最大区别在于，其中每个三元组(文章、问题、答案)都用中、英两种语言并行编写。该数据集包括 3667 个双语平行文章与 14,668 个平行问答对。此外，BiPaR 在问题的前缀、答案类型以及问题和文章之间的关系方面具有多样性，回答问题需要多种阅读理解技巧，如指代消解、多句推理、理解隐含因果关系等。为了更直观地说明跨语言机器阅读理解任务，表 5.4 给出了 BiPaR 数据集中的一些示例。

表 5.4　BiPaR 举例

BiPaR	
Passage:	Madame...This is the Leader's Five Dragon Disc, White Dragon Marshal,' she said. ...You are to return it when you have completed your mission.' 'Yes,' Madame Hong ordered. The rest of you may leave.' Rootless, Black Dragon, and Yellow Dragon saluted and left. 洪夫人……"白龙使，这是教主的五龙令……立功之后，将令缴回。"韦小宝应道："是。"……三人暂留，余人退去。"无根道人和黑龙使、黄龙使三人行礼退出。
Question:	What did Madame Hon give to Trinket? 洪夫人将什么东西给了韦小宝？
Answer:	Five Dragon Disc 五龙令

5.5.3　存在的挑战

相比于传统的单语言机器阅读理解，跨语言机器阅读理解带来了一些新的挑战：

1. 缺乏数据集

现有的大规模机器阅读理解数据集大部分都面向单一语言，特别是英语，而忽略了机器阅读理解在其他语言上的应用。大规模平行问答语料库的缺失，无疑为跨语言阅读理解任务的发展带来了挑战。为解决这个问题，一种相对直接的方式是，尝试构建针对跨语言机器阅读理解的大规模数据集，但这往往需要消耗大量的人力等资源；另一种间接方式是，借助迁移学习技术(如零样本学习或少样本学习)或其他弱监督学习技术(如远程监督、扩展预训练等)，来实现其他大规模数据集上获取的知识的迁移；当然，也可以将前面两种方式结合起来运用。

2. 跨语言表示

因为不同语言在表达方式、语法结构等方面存在差异，如何进行跨语言的交互具有很大挑战性。使用翻译系统来实现跨语言机器阅读理解是很直接的方法，但是，经过回译的答案不一定是原文中的某个精准片段，此外还有利用双语字典训练多语言词嵌入或者进行多语言表示，但是需要构建大规模的双语字典。因此，为克服不同语言之间的差异，有效的跨语言（或多语言）表示亟待进一步研究。

5.5.4　现有方法

近年来，已有少数研究人员开始探索跨语言机器阅读理解任务。Asai 等人[148]提出了一种多语言机器阅读理解系统，首先使用翻译系统将目标语言的数据翻译成英语，然后利用英语阅读理解模型得出答案，实现跨语言抽取式阅读理解。Cui 等人[139]首先尝试通过改进传统方法来实现跨语言机器阅读理解，包括使用翻译系统加上简单匹配、答案对齐或答案验证的方法，然后创新性地提出了 Dual BERT 模型，该模型同时使用两个 Multilingual BERT（mBERT）对〈篇章，问题〉在双语空间中建模，其中，一个 mBERT 模型用于具有大规模训练数据的源语言，另一个用于标注数据稀缺的目标语言，从而利用高资源的源语言监督低资源的目标语言的训练，提升了低资源语言的机器阅读理解效果。Jing 等人[140]发布了双语平行机器阅读理解数据集 BiPaR，以支持跨语言机器阅读理解，同时构建了跨语言机器阅读理解的基线模型。

总之，跨语言机器阅读理解突破了对问题和文章的单语言限制，在国际交流日益普遍的今天更符合实际应用需要。一定程度上说，单语言机器阅读理解可视为跨语言机器阅读理解的特例（"特"在源语言和目标语言相同）。但是，大规模平行语料库的匮乏，以及进行不同语言间的有效交互，特别是建立语义对其良好的跨语言文本表示仍是 CLMRC 目前面临的挑战。

5.6　推理机器阅读理解

5.6.1　任务定义

长时间以来，机器阅读理解领域的研究更多集中在片段抽取（见 1.3.2.5 小节）等直接用所给文章中的句子或片段即可回答问题的简单任务上。比如堪称最有影响力的 SQuAD 数据集以及使用它作为验证集合的模型算法，都聚焦于这类相对简单的机器阅读理解任务。但在实际应用中，（人类）用户所提的问题往往不能直接用文章中的单个片段来回答，而是需要将多个片段信息、甚至是不同文章中的片段信息相组合，再辅以推理加工才能得出正确答案。我们将这类文章中仅包含线索，答案需要推理加工才能得到的机器阅读理解任务称为推理机器阅读理解。由于这类任务中涉及的推理可能需要经过多轮次跳转，所以在文献中，经常把这种推理过程称为多跳推理（Multi-hop Reasoning）。

推理机器阅读理解任务的形式化定义如下：

> **定义 5.5** 推理机器阅读理解
> 给定段落集合 $P = \{p_1, \cdots, p_n\}$ 和问题 Q，推理机器阅读理解任务要求通过学习函数 $\mathcal{F}$ 使得 $A = \mathcal{F}(L(P), Q)$，以根据段落中的支撑线索来推理预测出问题 Q 的正确答案 A，其中 $L(P)$ 表示通过对 P 进行逻辑推理而得到的线索信息或者说上下文信息。

5.6.2 代表数据集

HotpopQA[149]是一个较有代表性的推理机器阅读理解数据集。它基于维基百科中的文章，包含 113K 个问答对，要求模型具备在多个文档间进行多跳推理的能力。其中的问题比较多样，不受任何现有知识库或知识模式的限制，除了一些常见的多跳推理问题，还包括在大规模文本问答数据集中首次出现的比较型问题。该数据集还包含了回答问题所需的更细粒度的推理线索。这些线索可用来提升模型的可解释性。Welbl 等人[150]在 QAngaroo 项目中构造了两个多跳推理阅读理解数据集：WikiHop 和 MedHop。WikiHop 使用的也是维基百科中的文章，而 MedHop 针对的是相对特殊的医疗领域。为了提升模型的文本段落理解能力，Dua 等人[151]提出了一个离散机器阅读理解数据集 DROP，用于回答包含加法、减法、排序或计数等需要离散推理的问题，该数据集也需要通过多个线索支撑推理才能回答问题。鉴于阅读理解不仅需要理解文本中明确陈述的内容，还需要阅读字里行间的内容、理解未明确陈述的隐含内容，Huang 等人[152]构建了大规模基于常识推理的阅读理解数据集 Cosmos QA，包含 35,600 个问题，答案形式为多项选择。与此前数据集不同，Cosmos QA 数据集聚焦于阅读各种各样的日常故事，提出诸如"……的可能原因是什么？"或"如果……会发生什么事？"这就需要在语境中进行超出文本内容的推理。

为了更具体地说明推理机器阅读理解任务，下面表 5.5 给出了 HotpopQA 数据集中的一些示例，表中斜体突出显示了支撑推理的线索，它们也是数据集的一部分。

表 5.5　HotpopQA 举例

HotpopQA	
Paragraph A, Return to Olympus:	[1] Return to Olympus is the only album by the alternative rock band Malfunkshun. [2] It was released after the band had broken up and after lead singer Andrew Wood (later of Mother Love Bone) had died of a drug overdose in 1990. [3] Stone Gossard, of Pearl Jam, had compiled the songs and released the album on his label, Loosegroove Records.
Paragraph B, Mother Love Bone:	[4] Mother Love Bone was an American rock band that formed in Seattle, Washington in 1987. [5] The band was active from 1987 to 1990. [6] Frontman Andrew Wood's personality and compositions helped to catapult the group to the top of the burgeoning late 1980s/early 1990s Seattle music scene. [7] Wood died only days before the scheduled release of the band's debut album, "Apple", thus ending the group's hopes of success. [8] The album was finally released a few months later.
Question:	What was the former band of the member of Mother Love Bone who died just before the release of "Apple"?
Answer:	Malfunkshun
Supporting facts:	1,2,4,6,7

5.6.3　存在的挑战

与传统机器阅读理解相比，推理机器阅读理解面临着一些新的挑战：

1. 答案类型十分繁多

不同于片段抽取型任务，推理机器阅读理解任务中，答案往往是经过推理然后自动生成的，可能的答案类型非常多，比如数字、字符串、日期等。如果模型不能充分考虑所有潜在答案类型，则很可能导致生成错误答案。以数学运算这类推理为例，现有研究涉及加法、减法、排序或计数等运算(或者说推理操作)，但是否定、筛选、取最大等操作仍未考虑。如何全面研究现实生活中存在的答案类型，并给出相应解决方案，是当前面临的一个重要挑战。

2. 难以有效处理多答案预测

现有阅读理解方法通常是将段落中单一文本片段作为答案，当答案不再是单个连续的字符串，而是在文章中多处出现的多个连续文本片段(的加工结果)时，现有方法常常就很难正确预测所有答案，而存在答案缺失或不全的现象。比如，问"哪些城市的 GDP 相比前一年至少上升 10%？"这样的问题存在多个正确答案("广州""杭州""重庆"和"成都")，而且很可能包含在不同文章或段落中，需要利用多个片段作为线索进行推理，而现有模型的预测答案往往只包含其中一个或两个城市。

5.6.4　现有方法

近年来，一些研究人员努力探索和尝试解决推理机器阅读理解任务中的各种挑战。Qiu 等人[153]提出动态融合图网络模型（Dynamically Fused Graph Network，DFGN）用以回答需要基于多个分散证据进行推理的问题。DFGN 受人类逐步推理行为的启发，包含了一个动态融合层，从给定查询中提到的实体开始，沿着从文本中动态构建的实体图出发进行探索，逐步从给定文档中找到相关支持实体。Hu 等人[101]提出了一种面向离散推理阅读理解的多类型-多跨度模型，引入多类型答案预测器用来解决答案类型覆盖不全的问题，增加了对逻辑否定的支持，还使用多跨度文本片段提取方法以支持多答案预测。Min 等人[154]提出了一个多跳阅读理解系统，将一个多跳组合问题分解成可以用现有的单跳阅读理解模型回答的更简单的子问题，比如多跳组合问题 "2015 年最有价值球员为哪支球队效力？" 可以被分解为两个子问题 "哪个球员被评为 2015 年最有价值球员？" "[ANS]为哪支球队效力？"，[ANS]表示第一个子问题的答案。另外，他们还设计了三种分解类型（桥接、交叉和比较），并引入了一种新的全局评分方法，即考虑每个分解（包含子问题、答案及对应的分解类型）来选择最佳的最终答案，极大地提高了整体性能。为了能够充分理解文本和问题之间的关系，Cao 等人[155]利用文本实体图中节点之间的关系以及问题与文本实体图之间的注意力信息，提出了一种双向注意力实体图卷积网络（Bi-directional Attention Entity Graph Convolutional Network，BAG），能够有效提升需要推理的问题的回答准确率。

总之，推理机器阅读理解突破了传统阅读理解模型中仅依赖于所给文章中段落或片段的局限，引入多跳推理类问题，以及需要数学计算的离散类推理问题，更加符合现实生活中的实际应用场景。但是，答案类型覆盖不全、无法有效处理多答案预测，仍是需要研究解决的技术挑战。

5.7　本　章　小　结

本章主要阐述了机器阅读理解任务的最新趋势，针对不同任务，分别从定义、代表性数据集、存在的挑战及现有方法四方面进行详细介绍，这些任务较为新颖且具有挑战性，有待更进一步的研究予以解决。

第 6 章　开放性问题

本章首先分析讨论当前的神经机器阅读理解研究中尚未较好解决的一些开放性问题，之后将对全书内容进行总结。

6.1　开放性问题

前几章，特别是第 5 章已经提到，神经机器阅读理解当前仍然存在一些有待深入研究和解决的开放性问题。其中最突出的可能算是，现有模型算法主要依靠语义匹配来回答问题，这与发展机器阅读理解技术、使机器能够真正理解自然语言的初衷还有相当差距。Kaushik 和 Lipton[156]的实验表明，一些机器阅读理解模型甚至在仅提供文章或问题作为输入(单输入)的条件下依然表现不错。

事实上，尽管一些机器阅读理解模型最近在 SQuAD、CoQA 等数据集上的表现已超过人类，但在实际理解能力方面，现有模型算法与人类水平还存在巨大差距，其中有待解决的开放性问题至少包括：如何从大量文章中快速找到真正需要的内容，如何充分利用必要的外部知识，如何使模型的鲁棒性更高，如何克服模型缺乏推理能力、欠缺可解释性的问题，等等。在对它们分节加以讨论之前，补充说明一下：从标题上看，本节内容与前一章有些重叠，这是因为，有些开放性问题已引起本领域关注，并开展了相关前期研究，所以在第 5 章中会涉及，但距离解决问题还有相当距离，所以本章会进一步讨论。第 5 章更多介绍了这些方面的现有工作，而本节则侧重讨论其中有待克服的困难和挑战。

6.1.1　相关文章的快速检索获取

与人类语言能力测试中的阅读理解类似，机器阅读理解要求机器基于给定的文章来回答问题。因此，输入中包含文章通常是必需的，但这种设定限制了机器阅读理解技术的应用——在现实世界中，机器阅读理解技术不是用来帮助学生进行阅读理解考试，而是使问答系统或对话系统更加智能化的。本书前面介绍的多文档机器阅读理解，打破了仅给定单篇文档的限制，但其中仍然有许多技术难题需要攻克。特别是，在实际应用中，我们可用的文档往往很多、甚至海量，如何从中快速找出回答问题最相关的资源(文章、段落或片段)，将决定答案预测的最终性能。但现有模型通常把文档检索和答案预测分为两个阶段，串行进行，这很容易导致找到的线索并非回答问题需要的，而且可能引发误差传播。这两项子任务实际上是高度关联的，很难、也不应独立于问题和答案的对应关系来定义哪些文档和问题相关。所以，必须对文档检索和阅读理解进行更深层次的结合、甚至融合，以便充分体现二者之间的依赖关系，并在速度和精度之间找到良好平衡。

6.1.2　机器阅读理解系统的鲁棒性

由于机器阅读理解系统严重依赖于给定文本，一旦给定文本的质量不高或者包含噪声数据，机器阅读理解系统的性能将会大幅度降低。Jia 和 Liang 在他们的论文[157]中指出，大多数基于单词重叠的现有机器阅读理解模型不能很好地处理对抗性问答，所基于的探索实验为：对 SQuAD，在给定原文中添加容易误导模型的句子，这些句子与问题有语义重叠，可能会混淆模型，但不会与正确的答案相矛盾。引入了这样的对抗性例子后，机器阅读理解系统在数据集上的性能急剧下降，这反映出系统其实并未真正理解文章内容。尽管引入答案验证模块可以在某种程度上减轻似乎正确的假答案的副作用，但机器阅读理解系统的鲁棒性还需要进一步增强，以便克服那些似是而非的信息的干扰、找到正确答案。

6.1.3　缺乏对外部知识的运用

阅读理解中的外部知识通常是指，从给定文章中无法直接获取或者推理的信息，这些信息可能是来自于其他文章或知识库，也可能是人类通常理解的常识（Common Sense）。在人类进行阅读理解的过程中，这些外部知识会有意识或无意识的运用进来。目前，大多数机器阅读理解模型将答案（或其线索）搜寻的范围局限在给定的文章中，而没有运用外部知识，因此回答问题的能力，特别是开放域问题的能力与人类差距巨大。不过，在机器阅读理解模型中引入外部知识并不容易，主要有三个难点：外部知识库构建、外部知识库的稀疏性、外部知识与问题和文章融合困难。

构建知识库通常需要从大量结构化、半结构化和非结构化的语料中，抽取有用信息，并统一组织成结构化的数据形式。在此过程中，仅依靠人工是不现实的，自动化抽取及质量控制非常重要。受精度限制，自动化抽取无可避免地会引入一些噪声、错误，因此必须进行有效的质量控制，而机器阅读理解系统的表现与知识库的质量密切相关。目前，已经有一些大规模通用知识库，包括 WikiData、Knowledge Graph 等，但针对一些特定领域的知识库还十分匮乏，而重新构建的代价和难度巨大，所以制约了在这些领域的机器阅读理解任务中运用外部知识、提升问答效果。

知识库中的知识条目通常十分稀疏，很多时候，阅读理解所需的知识并不一定包含在可用的知识库中，这时外部知识就无法应用到问答中来。一种缓解知识库稀疏性的方法是进行推理，比如：利用知识图谱去推理和预测可能存在的实体关系，进而利用这种关系来回答问题。但现行的推理模式主要是基于局部相关信息去判断可能存在的信息，所以能够解决的情况有限。

在很多情况下，即使使用了外部知识库，但如何将结构化、图谱化的外部知识与机器阅读理解有效融合，也还有待进一步研究。目前，知识图谱的表示方法很多，通常使用向量的表示形式，而机器阅读理解中的文章和问题也采用了分布式向量的表示形式，但如何将两个不同向量空间融合起来，使得文本的信息能够很好地融合外部知识，仍是有待解决的问题。

6.1.4　缺乏推理的能力

如前所述，大多数现有的机器阅读理解系统主要基于文章和问题之间的语义匹配来给出答案，这导致机器阅读理解模型通常无法进行推理。如 Liu 等人在文献[158]中给出的示例，对于文章中"**机上五人地面两人死亡**"的表述，机器因为缺乏推理能力而无法推断出正确的答案"**7 人**"来回答问题"**多少人死亡**"。又如前面 5.6.3 小节提到的问题（"**哪些城市的 GDP 相比前一年至少上升 10%？**"），回答时需要机器进行归纳，而这也是现有研究非常薄弱的环节。总之，机器推理本身是一个充满挑战的领域，如何赋予机器阅读理解系统以推理能力仍需要深入研究。

6.1.5　缺乏可解释性

尽管引入深度学习技术后，现有的模型方法在多个机器阅读理解任务上都有不错的表现，但是其工作机理仍然处于一个黑箱中，几乎没有提供任何信息说明机器是如何正确预测答案的。缺乏可解释性会阻碍机器阅读理解模型在医疗、军事等领域的应用，在这些领域中，需要说明模型输出的合理性并提供证据，才能为人类用户（如医生）所评判和采信。HotpotQA 数据集[149]的公布可以在一定程度上推动可解释的机器阅读理解模型的发展——该数据集中的问题需要对多篇文档的内容进行多轮推断后才能进行作答，并标记了用于推理的句子，以便让模型学习利用这些信息来解释答案预测过程。同时，随着可解释人工智能（eXplainable Artificial Intelligence，XAI）的发展[159-161]，机器阅读理解领域可以借鉴其中的成功案例来打破黑箱，从而让模型方法更加贴近实际应用需要。

6.2　全 书 总 结

机器阅读理解是支持开放域问答的核心模块。深度学习的蓬勃发展使得机器阅读理解技术取得了长足进步，并逐渐进入了实际应用。本书围绕基于深度学习的机器阅读理解技术，第 1 章首先对任务进行了一个简述并回顾了该领域的发展历程，在此基础上给出了任务的形式化定义，然后按照输入、输出的不同对任务作了多个视角的分类，接着讨论了模型评测涉及的评价指标和代表性数据集，最后列举了机器阅读理解技术的典型应用。第 2 章介绍了相关的深度学习模型，从以多层感知机为代表的初代神经网络模型到现在常用的卷积神经网络、循环神经网络、注意力机制。此外，鉴于文本表示学习的基础地位，本章也从浅入深地介绍了文本稀疏表示、分布式表示以及目前应用最为广泛的预训练文本表示学习模型。第 3 章描述了机器阅读理解的基本框架，包括其中的四个关键模块——嵌入编码、特征提取、文章-问题交互和答案预测，以及不能纳入基本框架的其他现有技术。第 4 章介绍了一些代表性的基于深度学习的机器阅读理解模型，以便将任务定义和基础框架与现有方法对应起来，帮助读者建立抽象与具体之间的映射关系。尽管机器阅读理解技术在过去五六年里取得了很大进展，但让机器真正理解任意输入的文本还有很长的路要走，相关的研究也一直在路上——为了使机器阅读理解技术能够更贴合实际应用需要，最近两三年出现了一些新的趋势性变化，我们在第 5 章中逐一加以了讨论，包括每种新趋势针对的任务、使用的代表性数据集、存在的挑战及现有初步解决方案等。最后第 6 章分析了当前神经机器阅读理解仍然存在的一些开放性问题，并对其中的技术挑战作了初步探讨。

　　机器阅读理解涉及的领域和技术非常广泛，本书肯定没有、也无法做到涵盖所有、面面俱到。比如，代表性模型、数据集和新兴趋势等章节仅选取了当下被关注、引用或应用比较广泛的成果，而实际上，一些目前没太受到关注的内容，却很可能在未来大放异彩——正如神经网络本身也曾多次、长期沉寂。因此，我们只希望本书能对读者起到抛砖引玉的作用。

附录一　机器学习基础概念

深度学习是机器学习的一个重要分支，从传统机器学习中继承了很多概念和方法，比如损失函数、优化算法，等等。尽管深度学习大行其道，但无论是从学术体系完整性，还是从算法模型继承性的角度，都有必要对机器学习的基础概念做一个简要介绍。

通常，可按学习过程中的监督程度将机器学习划分为有监督、无监督和弱监督学习。近年来，为了使用大规模无标记样本对深度神经网络这类含参量巨大的模型进行训练，研究人员引入了"自监督学习技术"，本质上是通过任务变换自动从无标记样本生成有标记样本，进而通过有监督学习实现模型参数训练。

接下来并未完全依照上述分类方式来组织内容，而是从有监督学习说起，然后介绍从不同角度拓展有监督学习技术而得到的弱监督学习、集成学习、强化学习、增量学习、迁移学习和最近几年比较常用的自监督学习，最后概述无监督学习技术。

一、有监督学习

有监督学习是指利用一批已知标签的样本进行学习的过程。这种机制可以类比为现实世界中学生通过练习若干有参考答案（对应于样本标签）的习题（对应于输入样本）来学习知识的过程。根据模型的预测输出连续与否，可以将有监督学习模型分为分类模型和回归模型。当输入为序列形式时，又衍生出序列分类和序列标注模型。下面分别加以简介。

1. 分类模型

通常，分类模型的解空间集合（或者说预测输出集合）大小是固定的，包含固定数量的类别标签值，表示类别空间中的一些离散点。在机器阅读理解任务中，分类模型可以用来确定问题和候选文档所属的领域或类型，比如区分问题是"5W1H"（who、what、where、when、why 与 how）中的哪一类，为后续的文章精细化筛选（找到包含答案的文章）以及答案片段定位做铺垫；也可以用在多文档机器阅读理解任务中，判断输入问题是否可以（用给定的文章集合）回答。

　　根据分类原理可以将分类模型分为概率模型和非概率模型。常见的概率模型为贝叶斯概率模型，根据已掌握的先验知识，利用条件概率理论分别估算当前样本隶属每种类别的概率值，选择概率最大的类别作为估计结果。有时根据先验知识的可获取程度，需要将简单贝叶斯模型拓展为朴素贝叶斯或半朴素贝叶斯模型。常见的非概率模型包括支持向量机、决策树等，其中，支持向量机是通过最大化不同类别样本与分割超平面（Separating Hyperplane）之间的间隔（Margin）来实现最优超平面定位的，进而通过判别输入样本与分割超平面间的关系来实现分类。决策树则基于树形结构进行分类，每个节点根据不同的特征进行分叉，各分叉方向对应不同的特征表现值，同时也对应着一个类别（若分叉后到了叶子节点）或者若干类别的集合（若分叉后还有分叉）。给定一个样本，由树根开始逐层分流判断，直至分支叶节点得到分类结果。

　　2. 回归模型

　　与分类模型不同，回归模型的预测输出是连续分布的，不可计数。根据模型假设的输入与输出之间的关系可将回归模型分为线性和非线性两类。在线性回归模型中，通过对各属性值做线性组合（或者说加权求和）来计算预测值，训练过程实际就是学习这些属性对应回归系数（或者说权重）的过程。对于任意一个样本，回归模型的预测结果都对应连续解空间中的某一点。非线性回归模型的解分布较线性模型复杂，求解也更为困难，能使模型达到（局部）最优的回归系数组往往不唯一。

　　有时，我们也利用回归模型来解求解类问题，如：逻辑回归（Logistic Regression）通过 sigmoid 运算可将输入的线性变换映射至 0-1 区间内，实现概率计算，进一步通过判断概率大小来实现对输入样本的二分类。

　　在机器阅读理解任务中，我们可以利用回归模型来对文章与问题之间的相关性进行排序，进而筛选出关联度最高的 N 篇文档，供进一步从中定位答案。

　　3. 序列分类与序列标注

　　序列分类和序列标注任务的输入都是序列，但二者的输出有很大差异：前者输出的是对输入序列整体的分类结果，后者输出的是对输入序列中的单元逐一进行分类得到的标签序列。序列标注任务是分类任务的拓展和延伸，特别是，序列标注过程中往往需要考虑单元间的先后关系（如词语在句子中的顺序），所以在对各单元进行分类时常常不应完全独立进行（比如句子中各词语的词性标签之间往往相互依赖）。

　　序列分类与标注任务是在考虑序列特征的基础上，结合传统的分类模型对序列中各词语的类别标签进行预测。一般的，通常将序列任务建模为图模型来刻画各词语之间的复杂关系。常用的序列模型包括隐马尔可夫模型(Hidden Markov Model，HMM)、条件随机场(Conditional Random Field，CRF)等，HMM 在时序性数据建模方面有着突出的表现，其构建的是有向图模型，而 CRF 则是通过构建无向图模型对相邻词语进行关系建模。

4. 推荐阅读

由于上述几类概念(或者说任务)相互之间关联比较紧密，所以在文献中往往也一起介绍，而很难找到专门介绍其中某一类概念或任务的文献。因此，本节没有区分每类模型或任务来单独推荐文献，而是推荐如下一些综合性书籍或文章，供感兴趣的读者体系化学习和了解相关概念。

- 《机器学习》[70]
- 《机器学习从公理到算法》[162]
- 《统计学习方法》[71]
- 《Logistic Regression and Artificial Neural Network Classification Models：A Methodology Review》[163]
- 《Bidirectional LSTM-CRF Models for Sequence Tagging》[164]
- 《Overview of Supervised Learning》[165]
- 《Comparisons of Sequence Labeling Algorithms and Extensions》[166]
- 《A Brief Survey on Sequence Classification》[167]

二、有监督学习拓展

随着任务复杂性的不断增加及人工智能技术的快速发展，同时也受到种种现实约束(如标记数据获取障碍)的驱动，以有监督学习为核心发展起来一些其他学习方式，包括弱监督学习、集成学习、强化学习、增量学习、迁移学习以及自监督学习。下面我们对这些学习方式逐一进行简要的介绍和说明。

1. 弱监督学习

如前所述，有监督学习中每个训练样本均带标签且标签正确，所以有时也叫"强监督学习"。与此不同，弱监督学习所使用的训练样本则存在不同程度的标记出错或无标记的现象。

通常，弱监督学习可以分为三种不同类型：不完全监督学习、不确切监督学习和不精确监督学习。其中，不完全监督学习是指用于训练的样本集合里，一部分样本有标签，余下样本没有标签。针对这种情况，一般通过为无标签样本生成对应标签来加以解决，人工干涉(主动学习)方法和自动标记(半监督学习)方法均可实现。不确切监督学习是指用于训练的样本集合里并不是"一个样本/一个标签"的分布，而是"一批样本/一个标签"的分布。在这种情况下，我们无法确定一批样本的具体数量，也无法确定这批样本中符合对应标签的样本分布，往往采用多示例学习（Multiple Instance Learning，MIL）解决。不精确监督学习则指用于训练的样本集合里，有的样本被正确标记，有的样本被错误标记，处理这种情况的方法称为带噪学习。感兴趣的读者可进一步查阅以下文献：

- 《A Brief Introduction to Weakly Supervised Learning》[168]
- 《Large-scale Interactive Object Segmentation with Human Annotators》[169]
- 《learning with Label Noise》[170]
- 《Not-so-supervised: A Survey of Semi-supervised, Multi-instance, and Transfer Learning in Medical Image Analysis》[171]
- 《Semi-Supervised Learning》[172]

2. 集成学习

集成学习是指通过将针对同一任务训练的多个不同模型有机结合起来，达到比任意单个模型更优的效果。一般的，这些模型的差异性越大，互补性就越强，集成模型的效果也就越好。现有的集成学习方法可分为两类：串行式方法、并行式方法。前者中，各分类器的训练通常按照一定顺序进行，前一分类器训练的误差可用来辅助后一分类器训练的调整，最后将各分类器集成，常用的串行式方法包括 Boosting 及其变形。并行式方法强调对任务数据集进行合理采样，得到若干个子数据集，各分类器在各自拥有的子数据集上进行训练。分类器训练完成后，再按照一定策略将其结合为集成模型，常用方法包括 Bagging 和随机森林。

集成学习方法的实现细节这里不再赘述，谨提供以下文献供参考学习：

- 《Ensemble Learning》[173]
- 《An Experimental Comparison of Three Methods for Constructing Ensembles of Decision Trees: Bagging, Boosting, and Randomization》[174]
- 《Ensemble Learning: A Survey》[175]
- 《Pruning Adaptive Boosting》[176]
- 《Ensemble Learning for Hidden Markov Models》[177]
- 《Random Forests》[178]

3. 强化学习

强化学习指一个智能体通过感知周围环境状态作出决策进行状态转移，状态转移的结果作为奖励回馈给智能体，使其不断得到学习更新的过程。不同于有监督学习，强化学习不要求预先给定训练样本，而是通过接受环境对动作（引发的状态转移)的反馈(奖励或惩罚)来获得学习素材并更新模型参数。

强化学习中有四个重要的要素,即状态空间、行为空间、状态转移策略、奖励策略,它们支撑了整个强化学习过程。根据这四个要素是否已知可以将强化学习分为有模式学习和无模式学习。有模式学习过程中四个要素均已知,无模式学习中状态转移策略和奖励策略一般不可知。此外,根据智能体决策是否固定可以将强化学习分为主动学习和被动学习。主动学习是指状态转移策略不固定,智能体通过尽可能感知当前状态来确定状态转移策略,环境状态与行为并不唯一对应;被动学习指智能体的状态转移策略固定,确定的环境对应唯一的状态转移策略。常见的强化学习方法包括动态规划、蒙特卡罗方法、时序差分学习方法等。为了帮助感兴趣读者深入了解强化学习技术,我们推荐以下文献供参考:

- 《Reinforcement Learning: A Survey》[179]
- 《Bayesian Reinforcement Learning: A Survey》[180]

4. 增量学习

增量学习是一种渐进性的、持续性的学习模式,模型训练好之后并非一成不变,而是随着新数据样本的到来不断优化更新。这种学习方式有两个显著优势:其一,避免一次存入海量数据对存储设备带来的压力,通过在线学习的方式实时处理到来的数据流,不必保存历史数据;其二,对于新到来的数据,模型并不是从零开始训练,而是以历史数据训练好的模型参数作为基础,利用新来的数据实现模型微调,在良好基础上进行再训练,极大地节省了训练时间。常见的增量学习方法包括自组织增量学习神经网络(Self-Organizing Incremental Neural Network,SOINN)和情景记忆马尔可夫决策过程(Episodic Memory Markov Decision Process,EM-MDP)。如需进一步了解可参考下面几篇文献:

- 《Methods for Incremental Learning: A Survey》[181]
- 《Incremental On-line Learning: A Review and Comparison of State of the Art Algorithms》[182]
- 《Learn++: An Incremental Learning Algorithm for Supervised Neural Networks》[183]
- 《PANFIS: A Novel Incremental Learning Machine》[184]
- 《Broad Learning System: An Effective and Efficient Incremental Learning System without the Need for Deep Architecture》[185]
- 《Large Scale Incremental Learning》[186]

5. 迁移学习

迁移学习是指通过一定学习过程,将从其他领域(通常称为"源域")获取的知识，迁移到新的感兴趣领域(通常称为"目标域")。在自然语言处理中，经常需要从数据资源充足的领域迁移知识到资源相对贫乏的领域。

迁移学习可分为直推式迁移、归纳式迁移和无监督迁移三类。其中，直推式迁移是指应用领域相关、任务性质相同的迁移模式；归纳式迁移指应用领域和任务性质均不同，但它们之间有一定相关性的迁移模式；无监督迁移也指应用领域和任务性质均不同但有一定相关性的迁移模式，不过与归纳式迁移不同，迁移所涉及的源数据和目标数据均无标签。相反，归纳式迁移的目标数据一定是有标签的，根据源数据是否有标签又可以进一步分为多任务学习和自我学习。

迁移学习和增量学习有一定相似性，二者均涉及将训练好的模型放在新的数据集上进行再训练。但需要注意，增量学习的目的是利用新的数据样本(通常是同一领域的)来优化和提升原来的模型，使其能"与时俱进"；而迁移学习则更强调对新任务的解决，不太关注新训练(或者说迁移后)的模型是否能很好解决原任务，所以再训练使用的"新"样本是新领域(也即目标域)中的样本。

近年开发的 BERT 等预训练语言模型为机器阅读理解等任务中的迁移学习提供了便利——利用归纳式迁移方法，将在大规模语料上预训练好的 BERT 模型外接目标任务的任务头，然后利用针对目标任务的小规模标记语料进行模型微调，所获模型即可很好完成目标任务。这个过程中，由于源语料数据量庞大，模型训练足够充分，学到了尽可能多的通识性知识，所以只需在目标任务上使用少量、甚至极少量的训练样本进行模型微调，便可学到目标任务特需的知识。

下面我们推荐几篇文献供大家进一步了解相关内容：
- 《A Survey on Transfer Learning》[187]
- 《Self-taught Learning: Transfer Learning from Unlabeled Data》[188]
- 《Deep Transfer Learning with Joint Adaptation Networks》[189]
- 《A Survey on Deep Transfer Learning》[190]
- 《Multi-task Transfer Learning for Biomedical Machine Reading Comprehension》[191]
- 《Multi-Task Learning for Machine Reading Comprehension》[192]

6. 自监督学习

自监督学习是指通过引入一些辅助任务来从大规模无标签数据中自动生成样本标签，进而利用这些自动生成的带标签样本对辅助任务进行有监督学习，来训练能够从大规模数据中挖掘相关特征的网络模型的过程。其核心是如何合理定义辅助任务，进而自动为数据产生标签。

近两年，随着基于上下文的表示学习方法的提出，自监督学习模式得到广泛应用。以 BERT 为例，在其预训练阶段，引入了掩码语言模型(Masked Language

Model)和下一句预测(Next Sentence Prediction，NSP)作为辅助任务，通过遮掩上下文的一部分、甚至下一句来自动为大规模无标签语料生成标签，进而对包含大量参数的多层 Transformer 网络进行充分预训练，并保存模型参数作为实体抽取、阅读理解等下游任务的训练基础。在微调阶段，将原模型的任务头替换为目标任务头(如片段抽取任务常用的头指针和尾指针位置预测任务头)，并在目标任务的有标签数据集上进行监督训练，来获得针对目标任务的模型。这种学习模式解决了无监督学习模式(见下文)下训练目标不够明确的问题，节省训练时间的同时提升了模型准确性，还避免了为每个目标任务标记大规模数据的繁杂工程。这种学习模式在机器阅读理解任务中应用十分广泛，因为阅读理解任务需要模型能尽可能得到充分训练以学习到更多的语言特征，这就需要大规模的语料作为支撑，而构建大规模的阅读理解数据集往往需要消耗很多人力物力且非常耗时。

同样推荐几篇参考文献，供感兴趣的读者进一步学习：

- 《A Survey on Self-supervised Pre-training for Sequential Transfer Learning in Neural Networks》[193]
- 《BERT: Pre-training of Deep Bidirectional Transformers for Language Understanding》[5]
- 《ALBERT: A Lite BERT for Self-supervised Learning of Language Representations》[194]
- 《Automatic Shortcut Removal for Self-Supervised Representation Learning》[195]
- 《Self-supervised Representation Learning from Multi-domain Data》[196]
- 《Self-supervised Relational Reasoning for Representation Learning》[197]

三、无监督学习

无监督学习是指在所有样本无标记的情况下，完全依赖模型自身从中发现规律或模式的学习过程。这就好比，老师给班里学生布置了若干作业且都不提供标准答案，要求学生自主完成并自行批阅，老师并不参与批阅过程。所以无监督学习有时也叫"无师学习"。除样本无标签外，无监督学习过程应包含对一定的目标(函数)进行优化的过程。因此，尽管计算若干样本的统计直方图时也不需要样本有标签，但它却不属于无监督学习。

无监督学习有两个典型的应用场景，分别是聚类和降维。由于在机器阅读理解任务中较少涉及无监督学习，所以下面仅对聚类、降维的相关概念进行一个简要说明。

1. 聚类

聚类是指在没有标签的前提下根据样本之间的一些共性特征将相似性较高的样本归为一类(每一类称为一个簇)的过程，是一种典型的数据分组过程。常见的聚类算法包括K均值算法、学习向量量化算法、高斯混合聚类算法，等等。感兴趣的读者可以阅读以下参考文献进一步学习了解：

- 《K-center Clustering under Perturbation Resilience》[198]
- 《A Comprehensive Survey of Clustering Algorithm》[199]
- 《A Survey of Clustering Algorithms for Big Data: Taxonomy and Empirical Analysis》[200]

2. 降维

在解决实际问题的过程中，往往会碰到需要考虑的因素众多，或者对象具有大量相关属性的情况。这时，就涉及高维(往往也很稀疏)向量的计算和存储，使问题变得复杂、建模求解困难。因此，研究人员提出在保留绝大多数数据特征(或者说主要信息)的前提下对数据进行降维处理。降维是指利用一定算法对高维空间中的样本点进行空间变换，投影到更低维的空间中，并保留原样本点的主要特征，忽略次要特征。常用的降维算法包括主成分分析法、局部线性嵌入法、拉普拉斯特征映射法等。感兴趣的读者可以进一步查阅以下参考文献：

- 《A Survey of Dimension Reduction Techniques》[201]
- 《Principal Component Analysis》[202]
- 《Penalized Discriminant Analysis》[203]

附录二　文本分析基础

　　机器阅读理解可视为文本分析的子领域，开展相关的研究开发工作需要读者具备一定的文本处理和分析相关基础知识。为此，本部分将简介一些常见的文本分析基础概念、任务和相关方法手段，包括：词法层面分析(词条划分、词性识别、命名实体识别)，句法层面分析(语义角色标注、依赖解析)，文本信息抽取(关键词抽取、实体抽取)，文本聚类与分类以及文本生成等。

　　需要说明的是，本部分内容主要针对中、英两种语言，其他语种的文本分析目前尚未纳入考虑。

一、词法层面分析

　　1. 词条划分

　　词条划分(Tokenization/Word Segmentation)是一项将连续的自然语言文本序列切分为若干个语义完整的词组的任务。

　　在英文场景下，单词之间本身存在空格分隔符，极大地方便了文本分析过程中的语义成分划分，一般以空格分隔符为标志即可进行划分。此外，英文中的时态、数量等都是通过对单词的形式变换体现，因此在分词的同时一般还会进行词干提取(Stemming)和词性还原(Lemmatization)。例如将"does、done、doing"通过词性还原恢复为'do'，以及将"cities、children"通过词干提取转换为"city、child"。

　　相对的，在中文场景下，构成文本序列的基本单元是字，字与字之间不存在分隔符，整个序列是一个连续不断的整体，这也为文本分析过程带来了困难。对此，我们需要进行中文分词。以"教室的墙壁是白色的，黑板是黑色的。"为例，对其进行切分得到序列"教室/的/墙壁/是/白色的/，/黑板/是/黑色的/。"(这里'/'表示分隔符)。在后面表 1 中，我们列出几个常用的中文分词工具资源。

　　2. 词性识别

　　词性(Part-of-Speech，POS)识别是指通过一定的技术手段对文本序列中各个词汇的词性进行判别和标记，常见的单词词性包括名词(Noun)、动词(Verb)、形容词(Adjective)、副词(Adverb)、介词(Preposition)、限定词(Determiner)、代词(Pronoun)、连接词(Conjunction)、助动词(Auxiliary Verb)、小品词(Particle)、数词(Numeral)、量词(Quantifier)。词性识别过程一般与词条划分同步进行，在分割词汇的同时给出其对应的词性标签。在实际应用中，我们可以将停用词(Stop word)视为独立于常见词性集合之外一类特殊的词汇类别，通过预定义停用词表对其进行识别。

这里，我们利用一个具体的例子来加深认识，给定一句话"**机器阅读理解是一个非常热门的研究领域**"，我们对其进行词性识别和标注，结果为：

机器阅读理解	\<名词\>
是	\<动词\>
一	\<数词\>
个	\<量词\>
非常	\<副词\>
热门的	\<形容词\>
研究领域	\<名词\>

3. 命名实体识别

命名实体识别(Named Entity Recognition，NER)任务是指识别和标记出文本序列中的命名实体(Named Entity，NE)，并确定其所属类别。这里，命名实体是指任何一个可以被专有名词指代的个体。常见的命名实体包括人物(People)、组织机构(Organization)、地点(Location)、地缘政治实体(Geo-Political Entity)、设施(Facility)、交通工具(Vehicle)等客观的实体性实物。另外，广义的命名实体还包括日期、时间(含特殊时间表达式)、有名事件、尺寸、数量、价格以及其他类别的数值表达式。

下面表1中，我们列出一些常见的自然语言处理工具供参考(下载链接见附录五)。其中也包含了常用的分词和词性识别工具。

表 1　自然语言处理工具一览表

名称	支持编程语言	支持任务	是否开源
Stanford CoreNLP	Java、Python	分词、词性标注、命名实体识别	是
spaCy	Java、Python	分词、词性标注、命名实体识别	是
NLTK	Java、Python	分词、词性标注、命名实体识别	是
HanLP	Java、C++、Python	分词、词性标注、命名实体识别	是
Jieba	Java、C++、Python	分词	是
FudanNLP	Java	分词、词性标注、命名实体识别	是

续表

名称	支持编程语言	支持任务	是否开源
LTP	Java、C++、Python	分词、词性标注、命名实体识别	是
THULAC	Java、C++、Python	分词、词性标注	是
NLPIR	Java	分词、词性标注、命名实体识别	是
BosonNLP	REST	分词、词性标注、命名实体识别	否
百度 NLP	REST	分词、词性标注、命名实体识别	否
腾讯文智	REST	分词、词性标注、命名实体识别	否
阿里云 NLP	REST	分词、词性标注、命名实体识别	否

关于词法层面分析的详细内容我们推荐阅读以下文献(仅作参考)：

- 《Chinese Word Segmentation: A Decade Review》[204]
- 《Deep Learning for Chinese Word Segmentation and POS Tagging》[205]
- 《Overview on the Advance of the Research on Named Entity Recognition》[206]
- 《Feature-rich Part-of-speech Tagging with a Cyclic Dependency Network》[207]

二、句法层面分析

1. 语义角色标注

语义角色标注(Semantic Role Labeling，SRL)是一项围绕句子中的谓词(predicate)成分展开的分析任务，旨在识别句子中与谓词相关的各附属成分，即找出谓词的论元(argument)及其扮演的语义角色。一般的，谓词通常是动词性质的词汇，有时也可由名词或形容词充当。论元包括与谓词表达动作相关的施事者(Agent)、受事者(Patient)、客体(Theme)、经验者(Experiencer)、受益者(Beneficiary)、工具(Instrument)、时间(Time)、处所(Location)、目标(Goal)和来源(Source)等。具体的，我们来看下面这个例子：

小铭今天骑自行车到公园放风筝了。

这里，经过标注后，我们可以确定这些成分：**骑**<谓词>、**小铭**<施事者>、**今天**<时间>、**自行车**<工具>、**公园**<处所>、**放风筝**<目的>。

2. 依赖解析

依赖解析(Dependency Parsing，DP)也称依存分析，指挖掘文本序列中各词汇之间的依赖关系。通常，探究的是两两词汇之间的依赖关系，而且这种关系是有向的。通过这些有向的关系，可以构建出语义依赖关系树，依赖关系树从更深的层次将文本序列连接为一个整体。举例如下，其中，**"漂亮"**是**"你"**的性质，因此"**漂亮**"依赖"**你**"，"**真**"作为程度词修饰"**漂亮**"，因此，"**真**"依赖"**漂亮**"。

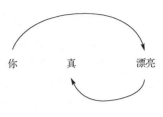

综合来看，语义角色标注探究各词自身的角色(相对于中心谓词而言)，所有成分汇聚谓词一点，较容易实现，而依赖分析关注点在于两词间的有向关系，更为细致地构建出整个文本序列地内在联系。因此，语义角色标注也称为浅层语义分析，与此相对，依赖解析称为深层语义分析，语义角色标注和依赖解析均探究的是同一个句子的内部关系。

关于语义分析内容我们推荐如下参考文献(仅供参考)：

- 《Semantic Role Labeling》[208]
- 《The Importance of Syntactic Parsing and Inference in Semantic Role Labeling》[209]
- 《Deep Semantic Role Labeling: What Works and What's Next》[210]
- 《Dependency Parsing》[211]
- 《自然语言处理理论与实战》[212]

三、文本信息抽取

文本信息抽取或者简称信息抽取(Information Extraction，IE)旨在从无结构或半结构化的文本中抽取出感兴趣信息，典型任务包括：关键词抽取、实体抽取、关系抽取、知识元组抽取、事件抽取、观点抽取、指标抽取，等等。其中，关键词抽取和实体抽取往往是其他任务的基础，因此下面重点简介一下这两项基础性的信息抽取任务。

1. 关键词抽取

关键词抽取(Key Phrase Extraction，KPE)指提取文本片段中最具有代表性的若干个词汇，这些词汇的选择一般依赖词汇的词性、语义角色、所处位置，出现频率、词跨度等信息。常用的关键词抽取方法可以分为三类：基于统计特征的关键词抽取算法(包括词频、词长、词性、在文档中的位置、关联信息等特征)、基于词图模型的关键词抽取算法(包括节点的度、节点接近性、集聚系数等)、基于主题模型的关键词抽取算法。

2. 实体抽取

实体抽取(Entity Extraction，EE)即附录一介绍的命名实体识别任务，这里不再赘述。

3. 其他抽取任务及推荐阅读

前面已提到，文本信息抽取还包含关系抽取(Relation Extraction，RE)、事件抽取(Event Extraction，EE)、情感分析(Sentiment Analysis，SA，常常也叫观点抽取)、文本摘要(Text Summarization，TS)等其他任务。这些任务中，往往涉及抽取实体，比如抽取事件中的参与者，或者抽取情感或观点的持有者。并且，在实际应用过程中，往往也不再局限于单个句子内部，而存在跨句分析的需要。感兴趣的读者可以查阅以下文献进一步了解更多内容：

- 《Automatic Keyphrase Extraction: A Survey of the State of the Art》[213]
- 《Selecting Key Phrases for Serving Contextually Relevant Content》[214]
- 《Neural Models for Key Phrase Extraction and Question Generation》[215]
- 《A Survey of Named Entity Recognition and Classification》[216]
- 《Named Entity Recognition with Bidirectional LSTM-CNNs》[217]

四、文本聚类与分类

相对文本信息抽取而言，文本的分类和聚类是更高一层次的文本分析研究，主要目的是探究各文本(若干句子连接而成的片段或篇章)之间的内容联系。

1. 文本聚类

文本聚类(Text Clustering)任务旨在通过一定的无监督技术手段将内容相似性较高或待考察特征具有同质性的文本汇集到一个簇中，为后续的下游任务打好基础。最典型的，可以利用文本聚类方法实现冗余话题去重和新话题的发现。在机器阅读理解任务中，文本聚类通常被用来辅助实现候选文档的粗筛。

常用的文本聚类技术可以划分为这几类：基于划分的算法、基于层次的算法、基于密度的算法、基于网格的算法和基于模型的算法。基于划分的算法是对数据样本进行分组，通过不断优化保证同一个分组的样本尽可能相似，常见的算法包括 K-Means 算法、K-MEDOIDS 算法、CLARANS 算法等。基于层次的算法是按照层次性对数据样本集合进行逐层分解(自顶向下或自底向上顺序)，直到满足条件，常见的算法包括 BIRCH 算法、CURE 算法、CHAMELEON 算法等。基于密度的算法认为构成一个类的标准是，在高维表示空间中以该类中心的某一样本作为核心划定一个半径确定的区域，该区域内的样本数量必须达到一定的阈值。常见的算法包括 DBSCAN 算法、OPTICS 算法和 DENCLUE 算法等。基于网格的算法是将样本空间划分为若干个子空间，各子空间单独处理，具有极高的效率。常见算法包括 STING 算法、CLIQUE 算法等。基于模型的算法核心思想是预先设计若干个分布函数，通过分布函数匹配满足条件的相关样本。

2. 文本分类

文本分类(Text Classification)则是通过监督学习技术对文本的类别进行判断，一般在给定候选类别表的条件下进行二分类或多分类。在机器阅读理解过程中，如果能对问题或包含答案的文档的所属类别进行提前甄别，那么将会大大缩小答案搜索范围，极大地提升答案预测的效率和准确率。

常见的文本分类算法包括基于规则匹配的算法、基于传统机器学习的算法(K-Means、决策树、多层感知机、朴素贝叶斯、逻辑回归和支持向量机等)、基于集成学习理论的算法(随机森林、lightGBM、xgBoost 等)和基于深度学习的算法(前馈神经网络、卷积神经网络等)。

以下为我们推荐的聚类和分类相关文献(并非涉及全部内容，仅供参考)：

- 《Survey of Text Mining II: Clustering, Classification, and Retrieval》[218]
- 《Data Stream Clustering: A Survey》[219]
- 《A Dirichlet Multinomial Mixture Model-based Approach for Short Text Clustering》[220]
- 《Text Classification Algorithms: A Survey》[221]
- 《Text Classification and Classifiers: A Survey》[222]

五、文 本 生 成

文本生成(Text Generation)，有时也叫文本合成(Text Synthesis)，通常可区分为四类任务，分别是：① "文本→文本"，即根据输入的文本来合成新的文本；② "结构化数据→文本"，即根据输入的结构化数据来合成新的文本；③ "图像→文本"，即根据输入的图像来合成新的文本，有时也称"看图说话"或"看图配文"；④ "音频→文本"，即根据输入的音频(通常为语音)来合成新的文本。在阅读理解任务中，特别是答案需要推理加工的任务中(见前面第 1 章 1.3.2.5 小节)，答案预测时往往需要根据问题和所找到的线索来合成答案，属于"文本→文本"的文本生成。所以，本节接下来我们只简介这类文本生成任务。

"文本→文本"任务主要包括文本摘要生成、古诗生成、文本复述等，我们这里主要讨论文本摘要生成，因为这与推理加工产生答案的过程比较接近。文本摘要生成方法可以分为两类：抽取式方法(Extractive)和生成式方法(Abstractive)。抽取式方法首先需要从原文本中抽取关键信息，然后对这些关键信息进行排序、规划和组装，典型的算法包括 Text Rank、Lead3 等。生成式方法则要求程序在充分理解原文的基础上，按照自身的逻辑通过转述、同义替换、句子缩写等技术生成对应的文本表达，生成式方法主要依赖递归神经网络(Recurrent Neural Network, RNN)、卷积神经网络(Convolutional Neural Network, CNN)、生成对抗网络(Generative Adversarial Network, GAN)等深度神经网络模型来实现。

感兴趣的读者可以查阅以下参考文献来进一步了解其他类别的文本生成任务，以及当下主流技术：

- 《Automatic Multiple Choice Question Generation From Text: A Survey》[223]
- 《The Survey: Text Generation Models in Deep Learning》[224]
- 《Controllable Text Generation》[225]
- 《Adversarial Feature Matching for Text Generation》[226]
- 《Long Text Generation via Adversarial Training with Leaked Information》[227]

附录三　传统机器阅读理解概述

前面 1.2 节简述了机器阅读理解发展历史，那里参考陈丹琦博士[8]，将 20 世纪 70 年代至今的四五十年发展历程划分为早期、近期和当代三个阶段。本书正文主要介绍了当代的，即基于深度学习的机器阅读理解研究，而对前两个阶段的工作在 1.2 节中只做了粗略描述。

出于内容完整性(或者所谓自包含性)考虑，这里对前两个发展阶段的研究工作进行更详细的概述，以便读者更好地了解机器阅读理解的发展历程，理解第三阶段如何利用深度学习技术来(至少在一定程度上)克服了前期工作的不足。

一、早　期　研　究

这一阶段大致从 20 世纪 70 年代持续到 20 世纪末。其间，机器阅读理解任务被引入，并逐渐引起关注，但相关研究主要针对特定领域的小数据集，所采用的方法则主要基于规则或模式匹配。

早期工作中最有开创性和代表性的要数耶鲁大学人工智能团队 Lehnert 等人开发的 QUALM 系统[9]。该系统是 Lehnert 提出的问答计算模型的编程实现，其输入是故事和就故事内容提出的问题，输出是问题的答案，常常由故事内容推理得到；所采用的故事内容表示方法是 Lehnert 的导师 Schank 和 Abelson 所提出的基于 script 和 plan 的内容表示框架[228]，具备一定推理能力。在 QUALM 中，问题和故事文本经过分析后，均被转换为具有概念依存关系的抽象表示，但问题回答并非通过直接对这种表示进行匹配来实现，而需要先将问题(依据其表示)划归到 13 个预定义概念类别(如"确认型""请求型""(询问)前因型""使能型""(询问)过程/操作型")中的某一类，以避免答非所问的情况(比如，问题是"John 结婚了吗？"却回答"现在下午四点")。此外，QUALM 实现的故事理解过程是一个动态过程——动态地将预定义知识与故事内容结合起来、适配起来，在此基础上通过脚本/计划匹配、甚至推理，来较好地完成问题回答。为了让故事更加吸引人，创作者常常会引入一些有悖于常规的情节，所以上述动态匹配显得十分必要。比如，一篇故事开头讲到小李在餐馆点了一份牛排，我们很可能会想，接下来小李会吃掉它；但故事后续内容却说，由于感觉牛排不新鲜，所以小李离开了餐馆。那么，如果问："小李为啥没吃牛排？"正确的回答就不能基于最先的预期，而应当根据调整后的预期，即"因为他感觉牛排不新鲜"。

　　后来，Lehnert 和同事们进一步开发了 BORIS 系统[10]。相比于 QUALM，BORIS 更强调通过利用多种来源的知识、包括外部知识（如情感、人际关系等方面的外部知识），来实现对输入故事的全面和深入理解，特别是借助外部知识来发现故事上下文暗含的意思，并通过发现情节之间的因果关系，使故事内容的抽象表示更加连贯一致。因此，BORIS 可以回答更加复杂困难的问题。

　　但是，这些早期工作在方法验证上不够充分，其适用范围也存在明显局限。具体而言，在文献[9]中，Lehnert 列举了一些故事阅读理解的案例，借此说明其问答模型中各模块的方法过程，但并未详细说明对 QUALM 进行实验验证的情况。而在文献[10]中，BORIS 系统主要用以理解两个有关离婚的故事 DIVORCE-1 和 DIVORCE-2，也没有涉及大规模的实验验证。此外，从这两个系统的技术细节看，无论 QUALM，还是 BORIS，其中各模块都大量采用了基于规则的方法，并利用到一些人工构建的外部知识库，这无疑会大大限制了它们的适用范围和领域拓展能力。

　　在这之后，从 20 世纪 80 年代中后期直到 90 年代末，故事理解方面的后续研究更多集中在心理学领域，相关成果可参看 Kintsch 的著作[229]；而计算模型方面的研究则日益稀少。Hirschman 和 Gaizauskas 认为[230]，造成这种局面的一个重要原因是，当时没有形成统一的评价方法。而且，那段时期使用的评价方法往往将自然语言处理模块视为故事理解中的核心角色，所以更多地评价其中的自然语言处理技术而非机器理解故事的能力。阅读理解（Reading Comprehension）为解决这个问题提供了一种有效且相对经济的途径——已有大量现成测试素材（只是此前主要用来测试人的阅读理解能力），很容易获得，而不需要额外花功夫去制作。

　　认识到方法评价对推动机器阅读理解进一步发展的关键作用后，Hirschman 等人[11]用美国小学 3～6 年级的阅读素材构建了一个英文故事阅读理解数据集，每个年级层次都对应有 30 个故事，并将 3、6 年级对应的合计 60 个故事作为开发集，4、5 年级对应的合计 60 个故事作为测试集；每篇故事在形式上相当于一篇报纸上的报道文章，包括标题、正文和报道时间（Dateline）；每个故事后还附有 5 个"5W"类别的问题①，用以测试对故事内容的理解情况。由于这些阅读素材取自 Remedia 出版社出版的、Linda Miller 撰写的"The 5W's"一书，所以很多相关文献常常将这个数据集称为"Remedia 语料库"或"Remedia 数据集"。此外，Hirschman 等人还设计实现了一个模块化的自动机器阅读理解系统 Deep Read，该

---

① 用 who, what, when, where, why 引领的问题，提问对象分别是参与故事的人物、身份或行为、时间、地点、原因。

系统非常简单，将阅读理解过程划分为 3 项子任务，分别是：问题信息内容抽取、文档信息内容抽取和在文档中搜索与问题相匹配的信息内容作为答案，其中的核心是信息内容的表示，Deep Read 采用了词袋模型。尽管所使用的方法非常简单，但 Deep Read 在上述数据集上测试时，精度已超过了 30%。

2000 年，首届北美计算语言学分会的年会（North American Chapter of the Association for Computational Linguistics，NAACL），组织了"用于评测计算机自然语言理解系统的阅读理解测试"的专题研讨，收录了 5 篇相关论文[①]，其中有两篇属于基于规则（或者说基于匹配）的方法，并且都是用了上面提到的 Remedia 数据集。一篇是 Riloff 和 Thelen 的论文，他们提出了一个基于规则的阅读理解系统 Quarc（QUestion Answering for Reading Comprehension）[231]。该系统为每类"5W"问题（比如 who 类型的问题）定义一套单独的启发式规则，用以度量故事中每个句子与该类问题之间的词法和语义相似性，最后挑选与问题相似性最高的故事句子（含故事标题）作为其答案输出。尽管所用方法十分简单，但相对于 Deep Read，Quarc 取得了较明显的性能提升——其答案提取精度达到了 40%。另一篇文章是 Brown 大学的 Charniak 等人[12]的课程[②]项目研究报告，作者尝试了一系列启发式方法，对比实验表明，将基于动词词根的词袋模型、命名实体和区分问题类别的匹配规则相结合之后，所取得的问答精度最高，可达到 41%。这两篇文章中的最佳方法的思路相近（都使用启发式规则，都基于词，特别是动词的匹配，都需要区分问题类别），所取得的精度也很相近。

二、近 期 工 作

这一阶段在时间跨度上大致从 2000 年持续到 2015 年，技术特点包括：一是仍然主要针对小数据集，二是决策树等传统机器学习模型逐渐被应用到各种阅读理解系统中，使得这些系统具有了更好的领域适应能力。

最早报道的基于机器学习的阅读理解研究，同样发表在上面提到的首届 NAACL 的"用于评测计算机自然语言理解系统的阅读理解测试"专题研讨中，是 Wang 等人在普渡大学研究生课程《自然语言处理》学习期间构建的问答系统[232]。该系统首先对输入的故事和问题进行词性标注、专用名辨识、代词消解等词法分析，以及语法规则匹配、语义角色标注等句法分析；然后区分名词、动词、代词等短语，以短语对短语（Phrase-to-Phrase）的方式将问题与故事进行逐句比较；最

---

① 该专题收录的论文列表见 https://www.aclweb.org/anthology/volumes/W00-06/。
② 布朗大学的研究生课程"统计语言处理"（Statistical Language Processing）。

后将比较结果编码为一个向量，输入到分类器中，来辨识哪个句子更适合作为问题答案。在验证实验中，该系统也使用了 Remedia 数据集，但遗憾的是，所取得的最佳精度（对应于使用神经网络作为分类器）只有 14%，远低于同年发表的基于规则的方法（主要是前面介绍的 Riloff 和 Thelen 的工作[231]，以及 Charniak 等人[12]的工作）。

2000 年晚些时候召开的 SIGDAT 和 EMNLP 联合会议上，新加坡防卫科学实验室（DSO National Laboratories）的 Ng 等人报道了他们研发的基于机器学习的故事阅读理解系统 AQUAREAS（Automated QUestion Answering upon REAding Stories）[13]。该系统通过对每个“问题-句子”对进行二分类来实现针对故事内容的问答——正例表示句子是问题的答案，负例则表示不是答案，其中“句子”来自输入的故事。具体的，系统包含 5 个基于决策树的分类器、每个对应一类“5W”问题。分类器的输入是“问题-句子”对的特征向量，一共包含 20 种特征，具体涉及：问题与句子的词匹配计数、动词匹配计数，问题与本句之前一句和之后一句分别的词匹配、动词匹配计数，句子中是否包含命名实体（即人物、组织、地名、日期、时间），句子是否为标题或时间行（Dateline），指代信息，以及问题和句子各自包含的关键词。值得注意的是，AQUAREAS 输给每个分类器的特征具有相同形式和构成，并借助基于 C5 算法①的有监督学习过程来自动辨识哪些特征对每类问题更具有区分力，这与基于规则的方法形式不同、效果相近——后者显式地为每类问题定制不同的特征与规则——但基于机器学习的方法大大减少了人工干预，所以具有更好的领域迁移能力。在 Remedia 数据集上的定量评测实验表明，AQUAREAS 可以答对将近 40%的问题，其精度已经达到了同期基于规则的方法的水平；其优势在于人工参与更少、更容易应用到新的领域。

2000 年以后，机器阅读理解相关研究又一度相对沉寂，其间零星发表的研究成果也不再完全限于英语语料，而是拓展到中文等其他语言，所关注的问题主要集中在两方面：**一是机器阅读理解数据集构造，二是阅读理解方法，特别是基于传统机器学习模型的阅读理解方法研究。**

数据集构造方面，约翰·霍普金斯大学的 Anand 等人在 2000 年构建了另一个英文阅读理解数据集 CBC4Kids[14]。该数据集中的故事取自加拿大广播公司（Canadian Broadcasting Corporation，CBC）网站上发布的、针对青少年读者的新闻报道，涵盖了政治、健康、教育、科学等 12 个领域，然后借助人工就每篇故事提

---

① C5 算法是 John Ross Quinlan 提出的决策树学习算法，是著名的 C4.5 算法的改进。感兴趣的读者可以查阅维基百科https://en.wikipedia.org/wiki/Ross_Quinlan#C5.0，或访问 Github 页面https://topepo.github.io/C5.0/来更多了解 C5算法。

出 8～12 个问题，并给出了每个问题的答案要点、(在相应故事中)标注了答案句。2003 年爱丁堡大学的 Dalmas 等人[233]进一步以 XML 格式标注了 CBC4Kids 数据集中每个句子的词条、词根、词的语义类别、词性、句法依赖树等，以支持利用语义信息进行答案检索与推理。2005 年，香港中文大学开发了一个中、英文双语阅读理解数据集 BRCC(Bilingual Reading Comprehension Corpus)[17]，其中的英文文章、中文译文、问题和答案均选自香港中华书局出版的《英语阅读 100 篇》一书。该书主要用以供中国人在学英语过程中进行阅读能力训练。2007 年，太原理工大学与山西大学合作研究了中文阅读理解数据集构建技术[18]，包括语料搜集、问题设计、答案制作、语义标记等多个方面，并构建了一个中文数据集 CRCC(Chinese Reading Comprehension Corpus)。

在模型方法研究方面，复旦大学与香港中文大学合作，在 2005 年提出一种引入外部知识的机器阅读理解方法。该方法仍基于规则，一个很突出的特色在于，将问题转化为查询条件，然后从谷歌搜索引擎等返回的结果中获取外部证据，来更好地搜寻答案句。该方法在 Remedia 数据集上取得的精度可达 42%。2008 年，山西大学李济洪等针对所构建的 CRCC 数据集，提出了基于最大熵模型的中文阅读理解方法[234]，采用与上面 AQUAREAS 系统相同的方式进行问题建模，即将答案预测任务转换为对故事中句子的二分类问题，并在 AQUAREAS 的基础上，进一步考虑句法层面的规律和中文不同于英语的语言特点，为每个输入(问题、句子)定义了 35 种特征。实验表明，对特征进行主成分降维后，利用最大熵模型在 CRCC 数据集上问题回答精度可达到 80%①。哈尔滨工业大学相关团队也长时间关注和研究阅读理解技术。2008 年他们提出一种基于"问题-句子"相似度的启发式方法[19]，尝试在相似性定义时引入语义信息：首先将问题转换为陈述句，接着对问题和所有候选句进行语义角色标注(Semantic Role Labeling，SRL)，标注结果以树状结构表示，然后用树核(Tree Kernel)②来计算问题与每个候选句之间的语义相似度，并将其与基于词袋的相似度加以融合，来综合判定问题与每个候选句之间的相似度，进而筛选综合相似度最高的候选句作为答案。在 Remedia 语料上的测试结果表明，该方法针对 5 类"5W"问题所取得的整体精度达到了 43%。2011 年，该团队又发表了一种基于机器学习模型的、仅针对 why 问题回答方法[236]。该方法基于 IDF(Inverse Document Frequency)和语义角色的相似度来识别问题话题对应的句子；利用线索短语、特定语义角色、从文档集中挖掘的词间蕴含的因

---

① 鉴于同期提出的方法在 Remedia 数据集上的精度仅为 40%多，所以有理由相信，CRCC 数据集比 Remedia 数据集的难度要小。

② 一种核变换，用以度量离散结构之间的相似性，感兴趣的读者请参看 Collins 和 Duffy 的论文[235]。

果关系概率信息、句子上下文的位置与表达形式等特征来识别因果修辞关系，然后将这些识别结果作为特征，使用 RankSVM、通过排序学习来实现候选句排序与答案筛选。在 Remedia 语料上的验证实验表明，该方法针对 why 型问题回答的精度达到了 43.3%。

2013 年开始，机器阅读理解的相关研究有了小幅回暖，这与 MCTest[15]和 PROCESSBANK[16]这两个新的英文数据集的发布有着密切关联。与前面介绍的 Remedia、BRCC、CRCC 等数据集不同，这两个数据集中的问题都是选择题（详见后面 1.3.2 小节的说明）。其中，MCTest 数据集 2013 年面世，包含 660 个 7 岁左右儿童能够读懂的虚幻故事，每个故事附有 4 个问题，每个问题包含 4 个可选答案，但只有一个正确。数据集被划分为分别包含 160 个故事和 500 个故事的两个子集合，分别叫做 MC160 和 MC500。相比之下，MC500 数据量更多，也更难。PROCESSBANK 数据集晚一年面世，它包含 200 个描述各种生物过程的段落，由一位生物学家就这些段落提出了总共 585 个问题，并为每个问题提供了两个可能的答案，其中只有一个是正确的。PROCESSBANK 中的问题主要考察对段落描述的生物过程的理解，特别是能否辨识其中涉及的多个事件之间的因果、抑制、时序等关系，能否理解事件与实体之间的关系（如主体、主题、地点、结果等），以及不同事件-事件或事件-实体链条之间的关系。

在方法层面，Richardson 和他的同事在报道 MCTest 的论文[15]中，给出了两种利用词特征的、基于规则的基线方法。第一种使用滑动窗口的方式，计算问题和候选答案在每个窗口位置上的词袋表示之间的相似度，但这种方式会忽略大范围上的依赖关系；为此，进一步引入了问题和候选答案之间的词距离（即二者中共现的非停用词数量），并将滑窗词袋相似度减去词距离作为问题和候选答案之间的最终相似度得分。第二种则基于文本蕴含识别（Recognizing Textual Entailment，RTE），将每个问题-候选答案对转化为一个声明，然后选取输入故事最可能蕴含的声明所对应的候选答案作为最终预测结果。这两种基线方法，特别是第二种方法利用文本蕴含结构的思路，启发了一系列后续研究，比较有代表性的是 2015 年 ACL 年会①上发表的 3 篇论文——它们均采用了一定形式的蕴含结构信息，并扩展运用了最大间隔（Max-Margin）学习框架，所提模型中都引入了隐变量（Latent Variable）②，并且测试时都使用了 MCTest 数据集。其中，Wang 等人[237]的方法最简单：他们将故事中包含答案的句子定义为隐变量；对于每个"故事（中的句子）

---

① Annual Meeting of the Association of Computational Linguistics，计算语言学协会年会，每年举办一次，通常简称 ACL，是自然语言处理领域的国际顶级学术会议。

② 是指那些不能直接观测，但可以推理的变量。感兴趣的读者可以参看维基百科了解隐变量的详细概念，链接地址为https://en.wikipedia.org/wiki/Latent_variable。

—问题—候选答案"组合，所采用的分类特征包括框架语义（Frame Semantics）、基于依存关系树（Dependency Tree）的句法特征、词嵌入（Word Embeddings）和指代关系。尽管方法比较简单，但该方法在 MCTest 数据集上的测试结果，却明显超过 Richardson 等人提供的基线方法，也超越了同在 ACL'2015 发表的另外两种方法。第二种是 Sachan 等[73]提出的基于隐含结构探测的方法，该方法假设存在一种隐含结构可以解释问题、答案、文本之间的依赖关系，并将其称为答案蕴含结构（Answer-entailing Structure）；在此基础上，首先参考前人研究、将问题划分成不同类别；然后对每类问题，利用符合最大间隔学习框架的隐结构支持向量机（Latent Structural Support Vector Machine，LSSVM）构建有监督模型，实现蕴含结构发现和答案预测；最后，利用多任务学习技术，将不同类别问题的回答模型集成到统一学习框架下，以便在训练过程中同时学习各类问题的共同模式与每类问题的个性模式，提高训练样本利用率、提升问题回答整体精度。第三种是 Narasimhan 和 Barzilay[74]提出的引入语篇信息（Discourse Information）的阅读理解方法。其特色在于，并不直接利用现成自然语言处理工具来先对输入的故事进行语篇分析，而通过将相关句子和句子关系定义为隐变量，把语篇分析纳入到包含隐变量的判别式对数线性模型中（Discriminative Log-linear Model，同样属于最大间隔学习框架），同时实现语篇关系分析和答案预测。此外，通过提取问题和故事中包含的特征，以及它们之间的交互，来辨识更针对输入问题的语篇关系，从而利用语篇信息提升答案预测精度。

Berant 等人在[16]一文中，除介绍其创建的 PROCESSBANK 数据集外，也提出了一种基于结构匹配的三阶段阅读理解方法。第一阶段对输入段落进行结构提取，包括利用机器学习技术提取其中的触发词（Trigger）、变量（Argument）和关系（包括触发词之间的关系和触发词-变量关系），前两项任务被建模为分类问题，并使用二范数正则化的逻辑回归（L2-regularized Logistic Regression）分类器来实现；后一项任务被建模为整数线性规划（Integer Linear Program）问题，其中的打分函数（对各种可能的关系进行打分）则采用结构感知机模型（Structured Averaged Perceptron）来训练。第二阶段借助启发式方法为问题和每个候选答案构成的文本也构建一个结构，并把它作为查询（Query）结构。第三阶段将各查询结构与输入段落对应的结构进行匹配，并挑选最佳匹配对应的候选答案作为结果，实现答案预测。

总之，这一发展阶段的特点在于，一是更多数据集的出现，二是机器学习技术的引入，这使得阅读理解技术在实用性、领域适应性等方面都取得了较为明显的进步。但是，这些新引入的数据集大多仅包含数百个问题、在规模上并不大，还不能支持包含大量参数的复杂模型训练，也不能充分验证模型算法的精度水平。而且，所采用的主要是逻辑回归、支持向量机等基于最大间隔学习框架等传统机器学习技术，需要大量人工特征工程，甚至需要与规则相结合，这又从客观上制约了这些方法的领域适应性。

三、小　　结

总的来看，前期工作的不足主要体现在：一是任务设定方面，很少考虑实际应用中经常存在的输入文档不唯一、甚至量很大，问题答案不在给定文档中等情况；二是数据集规模较小，既不能支持含有大量参数的复杂模型的训练，也无法对模型算法进行充分验证；三是所用方法大多只能对问题和文章进行浅层分析，精度十分受限。

21 世纪以后，互联网的快速发展，极大方便了获取大批量的可用于构建数据集的文档资料。而大规模数据集的构建又为深度学习模型的训练提供了数据基础，使得 2015 年后机器阅读理解在深度学习的助推下得到了迅猛发展。

附录四 简称一览表

序号	英文简称	英文全称
1	AAAI	the Association for the Advance of Artificial Intelligence
2	ACL	Annual Meeting of the Assocation for Computational Linguistics
3	AI	Artificial Intelligence
4	AM	Attention Mechanism
5	AoA Reader	Attention-over-Attention Reader
6	BERT	Bidirectional Encoder Representations from Transformers
7	BGD	Batch Gradient Descent
8	Bi-DAF	Bidirectional Attention Flow
9	biLM	Bidirectional Language Model
10	biLSTM	Bidirectional Long Short Term Memory
11	BiPaR	Bilingual Parallel Dataset for Multilingual and Cross-lingual Reading Comprehension
12	CBOW	Continuous Bag of Word
13	CBT	Children's Book Test
14	CliCR	Clinical Case Reports
15	CNN	Convolutional Neural Network
16	CLOTH	Cloze Test by Teachers
17	COLING	International Conference on Computational Linguistics
18	COLT	Annual Conference on Computational Learning Theory
19	CoQA	Conversational Question Answering Dataset
20	CoVe	Context Vector
21	DBOW	Distributed Bag of Words
22	DCN	Dynamic Coattention Network
23	DISEQuA	Dutch Italian Spanish English Questions and Answers
24	DKE	Data and Knowledge Engineering
25	DM	Distributed Memory
26	DP	Dependency Parsing
27	DREAM	Multiple-choice Dialogue-based Reading Comprehension Examination Dataset
28	DROP	Discrete Reasoning Over Paragraphs
29	EACL	the European Chapter of the Association for Computational Linguistics
30	ECAI	European Conference on Artificial Intelligence

序号	英文简称	英文全称
31	ELMo	Embeddings from Language Models
32	EMNLP	Conference on Empirical Methods in Natural Language Processing
33	FSL	Few-Shot Learning
34	GAN	Generative Adversarial Network
35	GloVe	Global Vectors for Word Representation
36	GPT	Generative Pre-training Transformer
37	GRU	Gated Recurrent Unit
38	ICML	International Conference on Machine Learning
39	IE	Information Extraction
40	IJCAI	International Joint Conference on Artificial Intelligence
41	JACM	Journal of the ACM
42	JAIR	Journal of Artificial Intelligence Research
43	JMLR	Journal of Machine Learning Research
44	LAMBADA	Language Modeling Broadened to Account for Discourse Aspects
45	ML	Machine Learning
46	MIL	Multi-Instance Learning
47	MTL	Multi-Task Learning
48	MLQA	Multiple Lingual Question Answering
49	MS MARCO	Microsoft Machine Reading Comprehension
50	NAACL	the North American Chapter of the Association for Computational Linguistics
51	NER	Named Entity Recognition
52	NeurIPS	Annual Conference on Neural Information Processing Systems
53	NNLM	Neural Network Language Model
54	POS	Part-of-Speech
55	QuAC	Question Answering in Context
56	RLN	Reinforcement Learning Network
57	ReLU	Rectified Linear Unit
58	RNN	Recurrent Neural Network
59	SRL	Semantic Role Labeling
60	SQuAD 2.0	Stanford Question Answering Dataset 2.0
61	WWW	International World Wide Web Conferences
62	XQuAD	Cross-lingual Question Answering Dataset

附录五　可用代码资源

序号	模型	代码资源
1	Match-LSTM	https://github.com/shuohangwang/SeqMatchSeq
2	R-NET	https://github.com/HKUST-KnowComp/R-Net
3	Bi-DAF	https://allenai.github.io/bi-att-flow/
4	QANet	https://github.com/NLPLearn/QANet
5	R.M-Reader	https://github.com/ewrfcas/Reinforced-Mnemonic-Reader
6	BERT	https://github.com/google-research/bert/

序号	常用工具	代码资源
7	Word2Vec	https://github.com/danielfrg/word2vec
8	GloVe	http://nlp.stanford.edu/data/glove.840B.300d.zip.
9	CoVe	https://github.com/salesforce/cove
10	ELMo	https://allennlp.org/elmo
11	GPT	https://github.com/openai/gpt-2
12	jieba	https://github.com/fxsjy/jieba
13	pynlpir	https://github.com/tsroten/pynlpir
14	NLTK	http://www.nltk.org/
15	StanfordCoreNLP	https://github.com/stanfordnlp/CoreNLP
16	spaCy	https://spacy.io/
17	HanLP	https://github.com/hankcs/HanLP
18	FudanNLP	https://github.com/FudanNLP/fnlp
19	LTP	http://www.ltp-cloud.com/document
20	THULAC	http://thulac.thunlp.org/
21	NLPIR	http://ictclas.nlpir.org/docs
22	BosonNLP	http://bosonnlp.com/dev/center
23	百度 NLP	https://cloud.baidu.com/doc/NLP/NLP-API.html
24	腾讯文智	https://cloud.tencent.com/document/product/271/2071
25	阿里云 NLP	https://data.aliyun.com/product/nlp

参 考 文 献

[1] Hermann K M, Kočiský T, Grefenstette E, et al. Teaching machines to read and comprehend[C]. Proceedings of Advances in Neural Information Processing Systems-Volume 1, 2015: 1693-1701.

[2] Rajpurkar P, Zhang J, Lopyrev K, et al. SQuAD: 100, 000+ Questions for machine comprehension of text[C]. Proceedings of the 2016 Conference on Empirical Methods in Natural Language Processing, 2016: 2383-2392.

[3] Nguyen T, Rosenberg M, Song X, et al. MS MARCO: A human generated machine reading comprehension dataset[C]. Proceedings of CoCo@ NIPS, 2016.

[4] He W, Liu K, Liu J, et al. DuReader: A Chinese machine reading comprehension dataset from real-world applications[C]. Proceedings of the Workshop on Machine Reading for Question Answering, 2018: 37-46.

[5] Devlin J, Chang M W, Lee K, et al. BERT: Pre-training of deep bidirectional transformers for language understanding[C]. Proceedings of the 2019 Conference of the North American Chapter of the Association for Computational Linguistics: Human Language Technologies, 2019, 1: 4171-4186.

[6] Zeng C, Li S, Li Q, et al. A survey on machine reading comprehension—Tasks, evaluation metrics and benchmark datasets[J]. Applied Sciences, 2020, 10(21): 7640.

[7] Liu A, Yuan S, Zhang C, et al. Multi-level multimodal transformer network for multimodal recipe comprehension[C]. Proceedings of the 43rd International ACM SIGIR Conference on Research and Development in Information Retrieval, 2020: 1781-1784.

[8] Chen D. Neural Reading Comprehension and Beyond [D]. Palo Alto: Stanford University, 2018.

[9] Lehnert W G. The Process of Question Answering[M]. New York: Lawrence Erlbaum Associates, 1978.

[10] Lehnert W G, Dyer M G, Johnson P N, et al. BORIS—An experiment in in-depth understanding of narratives[J]. Artificial Intelligence, 1983, 20(1): 15-62.

[11] Hirschman L, Light M, Breck E, et al. Deep read: A reading comprehension system[C]. Proceedings of the 37th Annual Meeting of the Association for Computational Linguistics, 1999: 325-332.

[12] Charniak E, Altun Y, Braz R S, et al. Reading comprehension programs in a statistical-language-processing class[C]. Proceedings of the 2000 ANLP/NAACL Workshop on Reading Comprehension Tests as Evaluation for Computer-based Language Understanding Sytems, 2000, 6 : 1-5.

[13] Ng H T, Teo L H, Kwan J L P. A machine learning approach to answering questions for reading comprehension tests[C]. Proceedings of Joint SIGDAT Conference on Empirical Methods in Natural Language Processing and Very Large Corpora, 2000: 124-132.

[14] Leidner J L, Dalmas T, Webber B, et al. Automatic multi-layer corpus annotation for evaluation question answering methods: CBC4Kids [C]. Proceedings of 4th International Workshop on Linguistically Interpreted Corpora (LINC-03) at EACL, 2003.

[15] Richardson M, Burges C J C, Renshaw E. Mctest: A challenge dataset for the open-domain machine comprehension of text[C]. Proceedings of the 2013 Conference on Empirical Methods in Natural Language Processing, 2013: 193-203.

[16] Berant J, Srikumar V, Chen P C, et al. Modeling biological processes for reading comprehension[C]. Proceedings of the 2014 Conference on Empirical Methods in Natural Language Processing (EMNLP), 2014: 1499-1510.

[17] Xu K, Meng H. Design and development of a bilingual reading comprehension corpus[J]. International Journal of Computational Linguistics & Chinese Language Processing: Special Issue on Annotated Speech Corpora, 2005, 10(2): 251-276.

[18] 郝晓燕, 李济洪, 由丽萍, 等. 中文阅读理解语料库构建技术研究[J]. 中文信息学报, 2007, 21(6): 29-35.

[19] 张志昌, 张宇, 刘挺, 等. 基于浅层语义树核的阅读理解答案句抽取[J]. 中文信息学报, 2008, 22(1): 80-86.

[20] Liu S, Zhang X, Zhang S, et al. Neural machine reading comprehension: Methods and trends[J]. Applied Sciences, 2019, 9(18): 3698.

[21] Joshi M, Choi E, Weld D S, et al. TriviaQA: A large scale distantly supervised challenge dataset for reading comprehension[C]. Proceedings of the 55th Annual Meeting of the Association for Computational Linguistics, 2017, 1: 1601-1611.

[22] Lin C Y. Rouge: A package for automatic evaluation of summaries[C]. Proceedings of the Workshop on Text Summarization Branches Out, ACL, Barcelona, 2004: 74-81.

[23] Papineni K, Roukos S, Ward T, et al. Bleu: A method for automatic evaluation of machine translation[C]. Proceedings of the 40th Annual Meeting of the Association for Computational Linguistics, 2002: 311-318.

[24] Suster S, Daelemans W. CliCR: A dataset of clinical case reports for machine reading

comprehension[C]. Proceedings of the 2018 Conference of the North American Chapter of the Association for Computational Linguistics: Human Language Technologies, 2018, 1: 1551-1563.

[25] Onishi T, Wang H, Bansal M, et al. Who did what: A large-scale person-centered cloze dataset[C]. Proceedings of the 2016 Conference on Empirical Methods in Natural Language Processing, 2016: 2230-2235.

[26] Saha A, Aralikatte R, Khapra M M, et al. DuoRC: Towards complex language understanding with paraphrased reading comprehension[C]. Proceedings of the 56th Annual Meeting of the Association for Computational Linguistics, 2018, 1: 1683-1693.

[27] Paperno D, Kruszewski G, Lazaridou A, et al. The LAMBADA dataset: Word prediction requiring a broad discourse context[C]. Proceedings of the 54th Annual Meeting of the Association for Computational Linguistics, 2016, 1: 1525-1534.

[28] Hill F, Bordes A, Chopra S, et al. The goldilocks principle: Reading children's books with explicit memory representations[C]. Proceedings of ICLR, 2016.

[29] Xie Q, Lai G, Dai Z, et al. Large-scale cloze test dataset created by teachers[C]. Proceedings of the 2018 Conference on Empirical Methods in Natural Language Processing, 2018: 2344-2356.

[30] Lai G, Xie Q, Liu H, et al. RACE: Large-scale reading comprehension dataset from examinations[C]. Proceedings of the 2017 Conference on Empirical Methods in Natural Language Processing, 2017: 785-794.

[31] Rajpurkar P, Jia R, Liang P. Know what you don't know: Unanswerable questions for SQuAD[C]. Proceedings of the 56th Annual Meeting of the Association for Computational Linguistics, 2018, 2: 784-789.

[32] Trischler A, Wang T, Yuan X, et al. NewsQA: A machine comprehension dataset[C]. Proceedings of the 2nd Workshop on Representation Learning for NLP, 2017: 191-200.

[33] Weston J, Bordes A, Chopra S, et al. Towards AI-complete question answering: A set of prerequisite toy tasks[C]. Proceedings of ICLR, 2016.

[34] Dunn M, Sagun L, Higgins M, et al. Searchqa: A new q&a dataset augmented with context from a search engine[J/OL]. arXiv: 1704. 05179, 2017.

[35] Kočiský T, Schwarz J, Blunsom P, et al. The NarrativeQA reading comprehension challenge[J]. Transactions of the Association for Computational Linguistics, 2018, 6: 317-328.

[36] Qiu B, Chen X, Xu J, et al. A survey on neural machine reading comprehension[J/OL]. arXiv: 1906. 03824, 2019.

[37] LeCun Y, Bengio Y, Hinton G. Deep learning[J]. Nature, 2015, 521 (7553): 436-444.

[38] Rosenblatt F. The perceptron: A probabilistic model for information storage and organization in the brain[J]. Psychological Review, 1958, 65 (6): 386-408.

[39] Hinton G E. Learning distributed representations of concepts[C]. Proceedings of Eighth Conference of the Cognitive Science Society, 1989.

[40] Bengio Y, Ducharme R, Vincent P, et al. A neural probabilistic language model[J]. The Journal of Machine Learning Research, 2003, 3: 1137-1155.

[41] Mikolov T, Kombrink S, Burget L, et al. Extensions of recurrent neural network language model[C]. Proceedings of 2011 IEEE International Conference on Acoustics, Speech and Signal Processing (ICASSP), 2011: 5528-5531.

[42] Le Q, Mikolov T. Distributed representations of sentences and documents[C]. Proceedings of International Conference on Machine Learning, 2014: 1188-1196.

[43] Mikolov T, Sutskever I, Chen K, et al. Distributed representations of words and phrases and their compositionality[C]. Proceedings of Advances in Neural Information Processing Systems, Lake Tahoe, Nevada, 2013, 2: 3111-3119.

[44] Kalchbrenner N, Grefenstette E, Blunsom P, et al. A convolutional neural network for modelling sentences[C]. Proceedings of the 52nd Annual Meeting of the Association for Computational Linguistics, 2014: 212-217.

[45] Irsoy O, Cardie C. Deep recursive neural networks for compositionality in language[C]. Proceedings of Advances in Neural Information Processing Systems, 2014, 27: 2096-2104.

[46] Kim Y. Convolutional neural networks for sentence classification[C]. Proceedings of the 2014 Conference on Empirical Methods in Natural Language Processing (EMNLP), Doha, Qatar, 2014: 1746-1751.

[47] Iyyer M, Manjunatha V, Boyd-Graber J, et al. Deep unordered composition rivals syntactic methods for text classification[C]. Proceedings of the 53rd Annual Meeting of the Association for Computational Linguistics and the 7th International Joint Conference on Natural Language Processing, 2015, 1: 1681-1691.

[48] Abdel-Hamid O, Mohamed A, Jiang H, et al. Applying convolutional neural networks concepts to hybrid NN-HMM model for speech recognition[C]. Proceedings of 2012 IEEE International Conference on Acoustics, Speech and Signal Processing (ICASSP), 2012: 4277-4280.

[49] Hinton G, Deng L, Yu D, et al. Deep neural networks for acoustic modeling in speech recognition: The shared views of four research groups[J]. IEEE Signal Processing Magazine, 2012, 29 (6): 82-97.

[50] Dos Santos C, Gatti M. Deep convolutional neural networks for sentiment analysis of short texts[C]. Proceedings of the 25th International Conference on Computational Linguistics: Technical Papers, 2014: 69-78.

[51] Zhang M, Zhang Y, Vo D T. Neural networks for open domain targeted sentiment[C]. Proceedings of the 2015 Conference on Empirical Methods in Natural Language Processing, 2015: 612-621.

[52] Graves A, Mohamed A, Hinton G. Speech recognition with deep recurrent neural networks[C]. Proceedings of 2013 IEEE International Conference on Acoustics, Speech and Signal Processing (ICASSP), 2013: 6645-6649.

[53] Graves A, Jaitly N. Towards end-to-end speech recognition with recurrent neural networks[C]. Proceedings of International Conference on Machine Learning, 2014: 1764-1772.

[54] Bahdanau D, Cho K H, Bengio Y. Neural machine translation by jointly learning to align and translate[C]. Proceedings of ICLR, 2015.

[55] Cho K, van Merriënboer B, Gulcehre C, et al. Learning phrase representations using RNN encoder-decoder for statistical machine translation[C]. Proceedings of the 2014 Conference on Empirical Methods in Natural Language Processing (EMNLP), 2014: 1724-1734.

[56] Graves A. Generating sequences with recurrent neural networks [J/OL]. arXiv: 1308. 0850v5, 2014.

[57] Yu L, Zhang W, Wang J, et al. Seqgan: Sequence generative adversarial nets with policy gradient[C]. Proceedings of the AAAI Conference on Artificial Intelligence, 2017, 31(1): 1-11.

[58] Hochreiter S, Bengio Y, Frasconi P, el al. Gradient Flow in Recurrent Nets: The Difficulty of Learning Long-Term Dependencies[M]. IEEE Press, 2001: 237-243.

[59] Hochreiter S, Schmidhuber J. Long short-term memory[J]. Neural Computation, 1997, 9(8): 1735-1780.

[60] Cho K, van Merriënboer B, Gulcehre C, et al. Learning phrase representations using RNN encoder-decoder for statistical machine translation[C]. Proceedings of the 2014 Conference on Empirical Methods in Natural Language Processing (EMNLP), 2014: 1724-1734.

[61] Rush A M, Chopra S, Weston J. A neural attention model for abstractive sentence summarization[C]. Proceedings of the 2015 Conference on Empirical Methods in Natural Language Processing, 2015: 379-389.

[62] Wang Y, Huang M, Zhu X, et al. Attention-based LSTM for aspect-level sentiment classification[C]. Proceedings of the 2016 Conference on Empirical Methods in Natural Language Processing, 2016: 606-615.

[63] Cheng H, Fang H, He X, et al. Bi-directional attention with agreement for dependency parsing[C]. Proceedings of the 2016 Conference on Empirical Methods in Natural Language Processing, 2016: 2204-2214.

[64] McCann B, Bradbury J, Xiong C, et al. Learned in translation: Contextualized word vectors[C]. Proceedings of Advances in Neural Information Processing Systems, 2017: 6297-6308.

[65] Pennington J, Socher R, Manning C D. Glove: Global vectors for word representation[C]. Proceedings of the 2014 Conference on Empirical Methods in Natural Language Processing (EMNLP), 2014: 1532-1543.

[66] Peters M, Neumann M, Iyyer M, et al. Deep contextualized word representations[C]. Proceedings of the 2018 Conference of the North American Chapter of the Association for Computational Linguistics: Human Language Technologies, 2018, 1: 2227-2237.

[67] Radford A, Narasimhan K, Salimans T, et al. Improving language understanding by generative pre-training[J/OL]. https://www.cs.ubc.ca/~amuham01/LING530/papers/radford 2018improving.pdf, 2018.

[68] Vaswani A, Shazeer N, Parmar N, et al. Attention is all you need[C]. Proceedings of Advances in Neural Information Processing Systems, 2017: 6000-6010.

[69] Goodfellow I, Bengio Y, Courville A. Deep Learning[M]. Massachusetts: MIT Press, 2016.

[70] 周志华. 机器学习[M]. 北京: 清华大学出版社, 2016.

[71] 李航. 统计学习方法[M]. 北京: 清华大学出版社, 2012.

[72] Dhingra B, Liu H, Salakhutdinov R, et al. A comparative study of word embeddings for reading comprehension[J/OL]. arXiv: 1703. 00993, 2017.

[73] Sachan M, Dubey K, Xing E, et al. Learning answer-entailing structures for machine comprehension[C]. Proceedings of the 53rd Annual Meeting of the Association for Computational Linguistics and the 7th International Joint Conference on Natural Language Processing, 2015, 1: 239-249.

[74] Narasimhan K, Barzilay R. Machine comprehension with discourse relations[C]. Proceedings of the 53rd Annual Meeting of the Association for Computational Linguistics and the 7th International Joint Conference on Natural Language Processing, 2015, 1: 1253-1262.

[75] Xiong C, Zhong V, Socher R. Dynamic coattention networks for question answering[C]. Proceedings of ICLR (Poster), 2017.

[76] Clark C, Gardner M. Simple and effective multi-paragraph reading comprehension[C]. Proceedings of the 56th Annual Meeting of the Association for Computational Linguistics, 2018, 1: 845-855.

[77] Radford A, Wu J, Child R, et al. Language models are unsupervised multitask learners [R/OL]. OpenAI blog. http: //www. persagen. com/files/misc/radford2019language. pdf. 2019.

[78] Seo M, Kembhavi A, Farhadi A, et al. Bidirectional attention flow for machine comprehension[C]. Proceedings of ICLR, 2017.

[79] Hu M, Peng Y, Huang Z, et al. Reinforced mnemonic reader for machine reading comprehension[C]. Proceedings of the 27th International Joint Conference on Artificial Intelligence, 2018: 4099-4106.

[80] Wang Z, Mi H, Hamza W, et al. Multi-perspective context matching for machine comprehension[J/OL]. arXiv: 1612. 04211, 2016.

[81] Yang Z, Dhingra B, Yuan Y, et al. Words or characters? Fine-grained gating for reading comprehension[C]. Proceedings of ICLR (Poster), 2017.

[82] Chen D, Fisch A, Weston J, et al. Reading Wikipedia to answer open-domain questions[C]. Proceedings of the 55th Annual Meeting of the Association for Computational Linguistics, 2017, 1 : 1870-1879.

[83] Chen Z, Cui Y, Ma W, et al. Convolutional spatial attention model for reading comprehension with multiple-choice questions[C]. Proceedings of the AAAI Conference on Artificial Intelligence, 2019, 33 (1) : 6276-6283.

[84] Zhang J, Zhu X, Chen Q, et al. Exploring question understanding and adaptation in neural-network-based question answering[J/OL]. arXiv: 1703. 04617, 2017.

[85] Yu A W, Dohan D, Luong M T, et al. QANet: Combining local convolution with global self-attention for reading comprehension[C]. Proceedings of ICLR, 2018.

[86] Chen D, Bolton J, Manning C D. A thorough examination of the CNN/Daily mail reading comprehension task[C]. Proceedings of the 54th Annual Meeting of the Association for Computational Linguistics, 2016, 1 : 2358-2367.

[87] Cui Y, Chen Z, Wei S, et al. Attention-over-attention neural networks for reading comprehension[C]. Proceedings of the 55th Annual Meeting of the Association for Computational Linguistics, 2017, 1 : 593-602.

[88] Cui Y, Liu T, Chen Z, et al. Consensus attention-based neural networks for Chinese reading comprehension[C]. Proceedings of the 26th International Conference on Computational Linguistics: Technical Papers, 2016: 1777-1786.

[89] Xiong C, Zhong V, Socher R. DCN+: Mixed objective and deep residual coattention for question answering[C]. Proceedings of ICLR, 2018.

[90] Kadlec R, Schmid M, Bajgar O, et al. Text understanding with the attention sum reader

network[C]. Proceedings of the 54th Annual Meeting of the Association for Computational Linguistics, 2016, 1: 908-918.

[91] Weston J, Chopra S, Bordes A. Memory networks[C]. Proceedings of ICLR, 2015.

[92] Sukhbaatar S, Szlam A, Weston J, et al. End-to-end memory networks[C]. Proceedings of Advances in Neural Information Processing Systems, 2015, 2 : 2440-2448.

[93] Pan B, Li H, Zhao Z, et al. Memen: Multi-layer embedding with memory networks for machine comprehension[J/OL]. arXiv: 1707. 09098, 2017.

[94] Yu S, Indurthi S R, Back S, et al. A multi-stage memory augmented neural network for machine reading comprehension[C]. Proceedings of the Workshop on Machine Reading for Question Answering, 2018: 21-30.

[95] Wang S, Jiang J. Machine comprehension using Match-LSTM and answer pointer[C]. Proceedings of ICLR, 2017.

[96] Wang W, Yang N, Wei F, et al. Gated self-matching networks for reading comprehension and question answering[C]. Proceedings of the 55th Annual Meeting of the Association for Computational Linguistics, 2017, 1 : 189-198.

[97] Sordoni A, Bachman P, Trischler A, et al. Iterative alternating neural attention for machine reading[J/OL]. arXiv: 1606. 02245, 2016.

[98] Dhingra B, Liu H, Yang Z, et al. Gated-attention readers for text comprehension[C]. Proceedings of the 55th Annual Meeting of the Association for Computational Linguistics, 2017, 1 : 1832-1846.

[99] Chaturvedi A, Pandit O A, Garain U. CNN for text-based multiple choice question answering[C]. Proceedings of the 56th Annual Meeting of the Association for Computational Linguistics, 2018, 2 : 272-277.

[100]Zhu H, Wei F, Qin B, et al. Hierarchical attention flow for multiple-choice reading comprehension[C]. Proceedings of the AAAI Conference on Artificial Intelligence, 2018.

[101]Hu M, Peng Y, Huang Z, et al. A multi-type multi-span network for reading comprehension that requires discrete reasoning[C]. Proceedings of the 2019 Conference on Empirical Methods in Natural Language Processing and the 9th International Joint Conference on Natural Language Processing (EMNLP-IJCNLP), 2019: 1596-1606.

[102]Efrat A, Segal E, Shoham M. Tag-based multi-span extraction in reading comprehension [J/OL]. arXiv: 1909. 13375, 2019.

[103]Vinyals O, Fortunato M, Jaitly N. Pointer networks[C]. Proceedings of Advances in Neural Information Processing Systems, 2015, 2 : 2692-2700.

[104]Goodfellow I, Warde-Farley D, Mirza M, et al. Maxout networks[C]. Proceedings of

International Conference on Machine Learning, 2013: 1319-1327.

[105]Srivastava R K, Greff K, Schmidhuber J. Highway networks[J/OL]. arXiv: 1505. 00387. 2015.

[106]Tan C, Wei F, Yang N, et al. S-net: From answer extraction to answer synthesis for machine reading comprehension[C]. Proceedings of the AAAI Conference on Artificial Intelligence, 2018.

[107]Shen Y, Huang P S, Gao J, et al. Reasonet: Learning to stop reading in machine comprehension[C]. Proceedings of the 23rd ACM SIGKDD International Conference on Knowledge Discovery and Data Mining, 2017: 1047-1055.

[108]Trischler A, Ye Z, Yuan X, et al. Natural language comprehension with the EpiReader[C]. Proceedings of the 2016 Conference on Empirical Methods in Natural Language Processing, 2016: 128-137.

[109]Yu Y, Zhang W, Hasan K, et al. End-to-end answer chunk extraction and ranking for reading comprehension[J/OL]. arXiv: 1610. 09996, 2016.

[110]Min S, Zhong V, Socher R, et al. Efficient and robust question answering from minimal context over documents[C]. Proceedings of the 56th Annual Meeting of the Association for Computational Linguistics, 2018, 1 : 1725-1735.

[111]Rocktäschel T, Grefenstette E, Hermann K M, et al. Reasoning about entailment with neural attention[C]. Proceedings of ICLR, 2016.

[112]Wang W, Yan M, Wu C. Multi-granularity hierarchical attention fusion networks for reading comprehension and question answering[C]. Proceedings of the 56th Annual Meeting of the Association for Computational Linguistics, 2018, 1 : 1705-1714.

[113]Hu M, Peng Y, Huang Z, et al. Retrieve, read, rerank: Towards end-to-end multi-document reading comprehension[C]. Proceedings of the 57th Annual Meeting of the Association for Computational Linguistics, 2019: 2285-2295.

[114]Ostermann S, Modi A, Roth M, et al. MCScript: A novel dataset for assessing machine comprehension using script knowledge[C]. Proceedings of the Eleventh International Conference on Language Resources and Evaluation (LREC 2018), 2018.

[115]Long T, Bengio E, Lowe R, et al. World knowledge for reading comprehension: Rare entity prediction with hierarchical lstms using external descriptions[C]. Proceedings of the 2017 Conference on Empirical Methods in Natural Language Processing, 2017: 825-834.

[116]Yang B, Mitchell T. Leveraging knowledge bases in LSTMs for improving machine reading[C]. Proceedings of the 55th Annual Meeting of the Association for Computational Linguistics, 2017, 1 : 1436-1446.

[117]Mihaylov T, Frank A. Knowledgeable reader: Enhancing cloze-Style reading comprehension with external commonsense knowledge[C]. Proceedings of the 56th Annual Meeting of the Association for Computational Linguistics, 2018, 1 : 821-832.

[118]Sun Y, Guo D, Tang D, et al. Knowledge based machine reading comprehension[J/OL]. arXiv: 1809. 04267, 2018.

[119]Miller A, Fisch A, Dodge J, et al. Key-value memory networks for directly reading documents[C]. Proceedings of the 2016 Conference on Empirical Methods in Natural Language Processing, 2016: 1400-1409.

[120]Wang C, Jiang H. Explicit utilization of general knowledge in machine reading comprehension[C]. Proceedings of the 57th Annual Meeting of the Association for Computational Linguistics, 2019: 2263-2272.

[121]Levy O, Seo M, Choi E, et al. Zero-shot relation extraction via reading comprehension[C]. Proceedings of the 21st Conference on Computational Natural Language Learning (CoNLL 2017), 2017: 333-342.

[122]Tan C, Wei F, Zhou Q, et al. I know there is no answer: Modeling answer validation for machine reading comprehension[C]. Proceedings of CCF International Conference on Natural Language Processing and Chinese Computing, Springer, Cham, 2018: 85-97.

[123]Hu M, Wei F, Peng Y, et al. Read+ verify: Machine reading comprehension with unanswerable questions[C]. Proceedings of the AAAI Conference on Artificial Intelligence, 2019, 33(1): 6529-6537.

[124]Sun F, Li L, Qiu X, et al. U-net: Machine reading comprehension with unanswerable questions[J/OL]. arXiv: 1810. 06638, 2018.

[125]Htut P M, Bowman S, Cho K. Training a ranking function for open-domain question answering[C]. Proceedings of the 2018 Conference of the North American Chapter of the Association for Computational Linguistics: Student Research Workshop, 2018: 120-127.

[126]Lee J, Yun S, Kim H, et al. Ranking paragraphs for improving answer recall in open-domain question answering[C]. Proceedings of the 2018 Conference on Empirical Methods in Natural Language Processing, 2018: 565-569.

[127]Wang S, Yu M, Guo X, et al. R3: Reinforced ranker-reader for open-domain question answering[C]. Proceedings of Thirty-Second AAAI Conference on Artificial Intelligence, 2018.

[128]Das R, Dhuliawala S, Zaheer M, et al. Multi-step retriever-reader interaction for scalable open-domain question answering[C]. Proceedings of ICLR, 2019.

[129]Pang L, Lan Y, Guo J, et al. Has-qa: Hierarchical answer spans model for open-domain

question answering[C]. Proceedings of the AAAI Conference on Artificial Intelligence, 2019, 33(1): 6875-6882.

[130]Lin Y, Ji H, Liu Z, et al. Denoising distantly supervised open-domain question answering[C]. Proceedings of the 56th Annual Meeting of the Association for Computational Linguistics, 2018, 1: 1736-1745.

[131]Wang S, Yu M, Jiang J, et al. Evidence aggregation for answer re-ranking in open-domain question answering[C]. Proceedings of ICLR, 2018.

[132]Reddy S, Chen D, Manning C D. CoQA: A conversational question answering challenge[J]. Transactions of the Association for Computational Linguistics, 2019, 7: 249-266.

[133]Choi E, He H, Iyyer M, et al. QUAC: Question answering in context[C]. Proceedings of 2018 Conference on Empirical Methods in Natural Language Processing, 2018: 2174-2184.

[134]Ma K, Jurczyk T, Choi J D. Challenging reading comprehension on daily conversation: Passage completion on multiparty dialog[C]. Proceedings of the 2018 Conference of the North American Chapter of the Association for Computational Linguistics: Human Language Technologies, 2018, 1: 2039-2048.

[135]Sun K, Yu D, Chen J, et al. Dream: A challenge data set and models for dialogue-based reading comprehension[J]. Transactions of the Association for Computational Linguistics, 2019, 7: 217-231.

[136]Yatskar M. A qualitative comparison of CoQA, SQuAD 2. 0 and QuAC[C]. Proceedings of the 2019 Conference of the North American Chapter of the Association for Computational Linguistics: Human Language Technologies, 2019, 1: 2318-2323.

[137]Huang H Y, Choi E, Yih W. FlowQA: Grasping flow in history for conversational machine comprehension[C]. Proceedings of ICLR, 2019.

[138]Zhu C, M Zeng, X. Huang. SDNet: Contextualized Attention-based deep network for conversational question answering[J/OL]. arXiv: 1812. 03593, 2018.

[139]Cui Y, Che W, Liu T, et al. Cross-lingual machine reading comprehension[C]. Proceedings of the 2019 Conference on Empirical Methods in Natural Language Processing and the 9th International Joint Conference on Natural Language Processing (EMNLP-IJCNLP), 2019: 1586-1595.

[140]Jing Y, Xiong D, Yan Z. BiPaR: A bilingual parallel dataset for multilingual and cross-lingual reading comprehension on novels[C]. Proceedings of the 2019 Conference on Empirical Methods in Natural Language Processing and the 9th International Joint Conference on Natural Language Processing (EMNLP-IJCNLP), 2019: 2452-2462.

[141]Magnini B, Romagnoli S, Vallin A, et al. The multiple language question answering track at

CLEF 2003[C]. Proceedings of Workshop of the Cross-Language Evaluation Forum for European Languages, Springer, Berlin, Heidelberg, 2003: 471-486.

[142]Magnini B, Romagnoli S, Vallin A, et al. Creating the DISEQuA corpus: A test set for multilingual question answering[C]. Proceedings of Workshop of the Cross-Language Evaluation Forum for European Languages, Berlin: Springer, 2003: 487-500.

[143]Magnini B, Vallin A, Ayache C, et al. Overview of the CLEF 2004 multilingual question answering track [C]. Proceedings of Multilingual Information Access for Text, Speech and Images, 2005.

[144]Vallin A, Magnini B, Giampiccolo D, et al. Overview of the CLEF 2005 multilingual question answering track[C]. Proceedings of Workshop of the Cross-Language Evaluation Forum for European Languages, 2005: 307-331.

[145]Chakma K, Das A. Cmir: A corpus for evaluation of code mixed information retrieval of hindi-english tweets[J]. Computación y Sistemas, 2016, 20(3): 425-434.

[146]Artetxe M, Ruder S, Yogatama D. On the cross-lingual transferability of monolingual representations[C]. Proceedings of the 58th Annual Meeting of the Association for Computational Linguistics, 2020: 4623-4637.

[147]Lewis P, Oguz B, Rinott R, et al. MLQA: Evaluating cross-lingual extractive question answering[C]. Proceedings of the 58th Annual Meeting of the Association for Computational Linguistics, 2020: 7315-7330.

[148]Asai A, Eriguchi A, Hashimoto K, et al. Multilingual extractive reading comprehension by runtime machine translation[J/OL]. arXiv: 1809. 03275, 2018.

[149]Yang Z, Qi P, Zhang S, et al. HotpotQA: A dataset for diverse, explainable multi-hop question answering[C]. Proceedings of the 2018 Conference on Empirical Methods in Natural Language Processing, 2018: 2369-2380.

[150]Welbl J, Stenetorp P, Riedel S. Constructing datasets for multi-hop reading comprehension across documents[J]. Transactions of the Association for Computational Linguistics, 2018, 6: 287-302.

[151 Dua D, Wang Y, Dasigi P, et al. DROP: A reading comprehension benchmark requiring discrete reasoning over paragraphs[C]. Proceedings of the 2019 Conference of the North American Chapter of the Association for Computational Linguistics: Human Language Technologies, 2019, 1 : 2368-2378.

[152]Huang L, Le Bras R, Bhagavatula C, et al. Cosmos QA: Machine reading comprehension with contextual commonsense reasoning[C]. Proceedings of the 2019 Conference on Empirical Methods in Natural Language Processing and the 9th International Joint Conference on

Natural Language Processing (EMNLP-IJCNLP), 2019: 2391-2401.

[153]Qiu L, Xiao Y, Qu Y, et al. Dynamically fused graph network for multi-hop reasoning[C]. Proceedings of the 57th Annual Meeting of the Association for Computational Linguistics, 2019: 6140-6150.

[154]Min S, Zhong V, Zettlemoyer L, et al. Multi-hop reading comprehension through question decomposition and rescoring[C]//Proceedings of the 57th Annual Meeting of the Association for Computational Linguistics, 2019: 6097-6109.

[155]Cao Y, Fang M, Tao D. BAG: Bi-directional attention entity graph convolutional network for multi-hop reasoning question answering[C]. Proceedings of the 2019 Conference of the North American Chapter of the Association for Computational Linguistics: Human Language Technologies, 2019, 1 : 357-362.

[156]Kaushik D, Lipton Z C. How much reading does reading comprehension require? A critical investigation of popular benchmarks[C]. Proceedings of the 2018 Conference on Empirical Methods in Natural Language Processing, 2018: 5010-5015.

[157]Jia R, Liang P. Adversarial examples for evaluating reading comprehension systems[C]. Proceedings of the 2017 Conference on Empirical Methods in Natural Language Processing, 2017: 2021-2031.

[158]Liu S, Zhang S, Zhang X, et al. R-trans: RNN transformer network for Chinese machine reading comprehension[J]. IEEE Access, 2019, 7: 27736-27745.

[159]Shrikumar A, Greenside P, Kundaje A. Learning important features through propagating activation differences[C]. Proceedings of the 34th International Conference on Machine Learning Sydney, NSW, Australia, 2017, 70 : 3145-3153.

[160]Lipton Z C. The mythos of model interpretability: In machine learning, the concept of interpretability is both important and slippery[J]. Queue, 2018, 16(3): 31-57.

[161]Montavon G, Lapuschkin S, Binder A, et al. Explaining nonlinear classification decisions with deep taylor decomposition[J]. Pattern Recognition, 2017, 65: 211-222.

[162]于剑. 机器学习：从公理到算法[M]. 北京: 清华大学出版社, 2017.

[163]Dreiseitl S, Ohno-Machado L. Logistic regression and artificial neural network classification models: A methodology review[J]. Journal of Biomedical Informatics, 2002, 35(5): 352-359.

[164]Huang Z, Xu W, Yu K. Bidirectional LSTM-CRF models for sequence tagging [J/OL]. arXiv: 1508. 01991, 2015.

[165]Hastie T, Friedman J, Tibshirani R. Overview of Supervised Learning[M]. New York: Springer, 2001: 9-40.

[166]Nguyen N, Guo Y. Comparisons of sequence labeling algorithms and extensions[C].

Proceedings of International Conference on Machine Learning, 2007: 681-688.

[167]Xing Z, Pei J, Keogh E. A brief survey on sequence classification[J]. ACM SIGKDD Explorations Newsletter, 2010, 12(1): 40-48.

[168]Zhou Z H. A brief introduction to weakly supervised learning[J]. National Science Review, 2018, 5(1): 44-53.

[169]Benenson R, Popov S, Ferrari V. Large-scale interactive object segmentation with human annotators[C]. Proceedings of the IEEE/CVF Conference on Computer Vision and Pattern Recognition, 2019: 11700-11709.

[170]Natarajan N, Dhillon I S, Ravikumar P, et al. Learning with noisy labels[C]. Proceedings of Advances in Neural Information Processing Systems, 2013: 1196-1204.

[171]Cheplygina V, de Bruijne M, Pluim J P W. Not-so-supervised: A survey of semi-supervised, multi-instance, and transfer learning in medical Image Analysis[J]. Medical Image Analysis, 2019, 54: 280-296.

[172]Chapelle O, Scholkopf B, Zien A. Semi-supervised learning [J]. IEEE Transactions on Neural Networks, 2009, 20(3): 542.

[173]Brown G. Ensemble learning[J]. Encyclopedia of Machine Learning, 2010, 312: 15-19.

[174]Dietterich T G. An experimental comparison of three methods for constructing ensembles of decision trees: Bagging, boosting, and randomization[J]. Machine Learning, 2004, 40: 139-157.

[175]Sagi O, Rokach L. Ensemble learning: A survey[J]. Wiley Interdisciplinary Reviews: Data Mining and Knowledge Discovery, 2018, 8(4): 12-49.

[176]Margineantu D D, Dietterich T G. Pruning adaptive boosting[C]. Proceedings of International Conference on Machine Learning, 1997, 97: 211-218.

[177]MacKay D J C. Ensemble learning for hidden Markov models[R]. Technical report, Cavendish Laboratory, University of Cambridge, 1997.

[178]Breiman L. Random forests[J]. Machine Learning, 2004, 45: 5-32.

[179]Kaelbling L P, Littman M L, Moore A W. Reinforcement learning: A survey[J]. Journal of Artificial Intelligence Research, 1996, 4: 237-285.

[180]Ghavamzadeh M, Mannor S, Pineau J, et al. Bayesian reinforcement learning: A Survey[J]. Foundations and Trends® in Machine Learning, 2015, 8(5-6): 359-483.

[181]Ade R R, Deshmukh P R. Methods for incremental learning: a survey[J]. International Journal of Data Mining & Knowledge Management Process, 2013, 3(4): 119.

[182]Losing V, Hammer B, Wersing H. Incremental on-line learning: A review and comparison of state of the art algorithms[J]. Neurocomputing, 2018, 275: 1261-1274.

[183]Polikar R, Upda L, Upda S S, et al. Learn++: An incremental learning algorithm for supervised neural networks[J]. IEEE Transactions on Systems, Man, and Cybernetics, 2001, 31(4): 497-508.

[184 Pratama P M, Anavatti S G, Angelov P P, et al. PANFIS: A novel incremental learning machine[J]. IEEE Transactions on Neural Networks and Learning Systems, 2013, 25(1): 55-68.

[185]Chen C, Liu Z. Broad learning system: An effective and efficient incremental learning system without the need for deep architecture[J]. IEEE Transactions on Neural Networks and Learning Systems, 2018, 29: 10-24.

[186]Wu Y, Chen Y, Wang L, et al. Large scale incremental learning[C]. Proceedings of the IEEE/CVF Conference on Computer Vision and Pattern Recognition, 2019: 374-382.

[187]Pan S J, Yang Q. A survey on transfer learning[J]. IEEE Transactions on Knowledge and Data Engineering, 2009, 22(10): 1345-1359.

[188]Raina R, Battle A, Lee H, et al. Self-taught learning: Transfer learning from unlabeled data[C]. Proceedings of International Conference on Machine Learning, 2007: 759-766.

[189]Long M, Zhu H, Wang J, et al. Deep transfer learning with joint adaptation networks[C]. Proceedings of International Conference on Machine Learning, 2017: 2208-2217.

[190]Tan C, Sun F, Kong T, et al. A survey on deep transfer learning[C]. Proceedings of International Conference on Artificial Neural Networks, 2018: 270-279.

[191]Guo W, Du Y, Zhao Y, et al. Multi-task transfer learning for biomedical machine reading comprehension[J]. International Journal of Data Mining and Bioinformatics, 2020, 23(3): 234-250.

[192]Xu Y, Liu X, Shen Y, et al. Multi-task learning with sample re-weighting for machine reading comprehension[C]. Proceedings of the 2019 Conference of the North American Chapter of the Association for Computational Linguistics: Human Language Technologies, 2019, 1: 2644-2655.

[193]Mao H H. A survey on self-supervised pre-training for sequential transfer learning in neural networks[J/OL]. arXiv: 2007. 00800, 2020.

[194]Lan Z, Chen M, Goodman S, et al. ALBERT: A lite BERT for self-supervised learning of language representations[C]. Proceedings of ICLR, 2020.

[195]Minderer M, Bachem O, Houlsby N, et al. Automatic shortcut removal for self-supervised representation learning[C]. Proceedings of International Conference on Machine Learning, 2020: 6927-6937.

[196]Feng Z, Xu C, Tao D. Self-supervised representation learning from multi-domain data[C].

Proceedings of the IEEE/CVF International Conference on Computer Vision, 2019: 3245-3255.

[197]Patacchiola M, Storkey A, Patacchiola M, et al. Self-supervised relational reasoning for representation learning[C]. Proceedings of Advances in Neural Information Processing Systems, 2020.

[198]Balcan M F, Haghtalab N, White C. K-center clustering under perturbation resilience[J]. ACM Transactions on Algorithms (TALG), 2020, 16(2): 1-39.

[199]Xu D, Tian Y. A comprehensive survey of clustering algorithms[J]. Annals of Data Science, 2015, 2(2): 165-193.

[200]Fahad A, Alshatri N, Tari Z, et al. A survey of clustering algorithms for big data: Taxonomy and empirical analysis[J]. IEEE Transactions on Emerging Topics in Computing, 2014, 2(3): 267-279.

[201]Fodor I K. A survey of dimension reduction techniques[R]. Lawrence Livermore National Lab. , CA, 2002.

[202]Wold S, Esbensen K, Geladi P. Principal component analysis[J]. Chemometrics and Intelligent Laboratory Systems, 1987, 2(1-3): 37-52.

[203]Hastie T, Buja A, Tibshirani R. Penalized discriminant analysis[J]. The Annals of Statistics, 1995, 23(1): 73-102.

[204]黄昌宁, 赵海. 中文分词十年回顾[J]. 中文信息学报, 2007, 21(3): 8-20.

[205]Zheng X, Chen H, Xu T. Deep learning for Chinese word segmentation and POS tagging[C]. Proceedings of the 2013 Conference on Empirical Methods in Natural Language Processing, 2013: 647-657.

[206]Huilin S Z W. Overview on the advance of the research on named entity recognition[J]. Data Analysis and Knowledge Discovery, 2010, 26(6): 42-47.

[207]Toutanova K, Klein D, Manning C D, et al. Feature-rich part-of-speech tagging with a cyclic dependency network[C]. Proceedings of the 2003 Human Language Technology Conference of the North American Chapter of the Association for Computational Linguistics, 2003: 252-259.

[208]Palmer M, Gildea D, Xue N. Semantic role labeling[J]. Synthesis Lectures on Human Language Technologies, 2010, 3(1): 1-103.

[209]Punyakanok V, Roth D, Yih W. The importance of syntactic parsing and inference in semantic role labeling[J]. Computational Linguistics, 2008, 34(2): 257-287.

[210]He L, Lee K, Lewis M, et al. Deep semantic role labeling: What works and what's next[C]. Proceedings of the 55th Annual Meeting of the Association for Computational Linguistics,

2017, 1 : 473-483.

[211]Nivre J. Dependency parsing[J]. Language and Linguistics Compass, 2010, 4(3): 138-152.

[212]唐聘. 自然语言处理理论与实战[M]. 北京: 电子工业出版社, 2018.

[213]Hasan K S, Ng V. Automatic keyphrase extraction: A survey of the state of the art[C]. Proceedings of the 52nd Annual Meeting of the Association for Computational Linguistics, 2014, 1 : 1262-1273.

[214]Hubbard S J A, Steven R. Selecting key phrases for serving contextually relevant content[P]: U. S. Patent 8, 073, 850. 2011-12-6.

[215]Subramanian S, Wang T, Yuan X, et al. Neural models for key phrase extraction and question generation[C]. Proceedings of the Workshop on Machine Reading for Question Answering, 2018: 78-88.

[216]Nadeau D, Sekine S. A survey of named entity recognition and classification[J]. Lingvisticae Investigationes, 2007, 30(1): 3-26.

[217]Chiu J P C, Nichols E. Named entity recognition with bidirectional LSTM-CNNs[J]. Transactions of the Association for Computational Linguistics, 2016, 4: 357-370.

[218]Bader B, Berry M, Browne M. Survey of text mining II clustering, classification, and retrieval[J]. Chapter Discussion Tracking in Enron Email using PARAFAC, 2008.

[219]Silva J A, Faria E R, Barros R C, et al. Data stream clustering: A survey[J]. ACM Computing Surveys (CSUR), 2013, 46(1): 1-31.

[220]Yin J, Wang J. A dirichlet multinomial mixture model-based approach for short text clustering[C]. Proceedings of the 20th ACM SIGKDD International Conference on Knowledge Discovery and Data Mining, 2014: 233-242.

[221]Kowsari K, Meimandi J K, Heidarysafa M, et al. Text classification algorithms: A survey[J]. Information, 2019, 10(4): 150.

[222]Korde V, Mahender C N. Text classification and classifiers: A survey[J]. International Journal of Artificial Intelligence & Applications, 2012, 3(2): 85-99.

[223]Ch D R, Saha S K. Automatic multiple choice question generation from text: A survey[J]. IEEE Transactions on Learning Technologies, 2018, 13(1): 14-25.

[224]Iqbal T, Qureshi S. The survey: Text generation models in deep learning[J]. Journal of King Saud University-Computer and Information Sciences, 2020.

[225]Hu Z, Yang Z, Liang X, et al. Toward controlled generation of text[C]. Proceedings of International Conference on Machine Learning, 2017: 1587-1596.

[226]Zhang Y, Gan Z, Fan K, et al. Adversarial feature matching for text generation[C]. Proceedings of International Conference on Machine Learning, 2017: 4006-4015.

[227]Guo J, Lu S, Cai H, et al. Long text generation via adversarial training with leaked information[C]. Proceedings of the AAAI Conference on Artificial Intelligence, 2018, 32(1): 1-14.

[228]Schank R C, Abelson R P. Scripts, Plans, Goals, and Understanding: An Inquiry into Human Knowledge Structures[M]. London: Psychology Press, 2013.

[229]Kintsch W. Comprehension: A Paradigm for Cognition[M]. London: Cambridge University Press, 1998.

[230]Hirschman L, Gaizauskas R. Natural language question answering: the view from here[J]. Natural Language Engineering, 2001, 7(4): 275-300.

[231]Riloff E, Thelen M. A rule-based question answering system for reading comprehension tests[C]. Proceedings of ANLP-NAACL 2000 Workshop: Reading Comprehension Tests as Evaluation for Computer-Based Language Understanding Systems, 2000.

[232]Wang W, Auer J, Parasuraman R, et al. A question answering system developed as a project in a natural language processing course[C]. Proceedings of ANLP-NAACL 2000 Workshop: Reading Comprehension Tests as Evaluation for Computer-Based Language Understanding Systems, 2000.

[233]Dalmas T, Leidner J L, Webber B, et al. Generating annotated corpora for reading comprehension and question answering evaluation[C]. Proceedings of EACL, Question Answering Workshop, 2003.

[234]李济洪, 王瑞波, 王凯华, 等. 基于最大熵模型的中文阅读理解问题回答技术研究[J]. 中文信息学报, 2008. 22(6): 55-62.

[235]Collins M, Duffy N. New ranking algorithms for parsing and tagging: Kernels over discrete structures, and the voted perceptron[C]. Proceedings of the 40th Annual Meeting of the Association for Computational Linguistics, 2002: 263-270.

[236]张志昌, 张宇, 刘挺, 等. 基于话题和修辞识别的阅读理解 why 型问题回答[J]. 计算机研究与发展, 2011, 48(2): 216.

[237]Wang H, Bansal M, Gimpel K, et al. Machine comprehension with syntax, frames, and semantics[C]. Proceedings of the 53rd Annual Meeting of the Association for Computational Linguistics and the 7th International Joint Conference on Natural Language Processing, 2015, 2: 700-706.